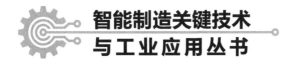

智能制造关键技术
与工业应用丛书

机器人SLAM
导航技术与实践

The Practice of SLAM_based Navigation Technology
for the Robot

李忠新　　佘鹏飞　　梁振虎　　等 编著

化学工业出版社
·北京·

内 容 简 介

本书聚焦机器人 SLAM 导航技术，包含理论篇与实践篇。理论篇主要介绍机器人的相关基础知识，包括移动机器人概述、机器人编程基础、SLAM 技术入门、自主导航技术基础等。实践篇围绕模块化机器人构型、模块化机器人感知与运动控制、激光 SLAM 自主导航，以及视觉 V-SLAM 导航技术实现涉及的硬件系统、控制系统、算法等，以实践、实战为主线，由浅入深，规划了难度适宜的多种机器人自主导航实践案例。

本书可作为高等院校机械设计、自动控制、移动机器人、无人驾驶等相关专业的教学参考书，也可供从事机器人底盘开发、智能汽车研发等工作的技术人员参考使用。

图书在版编目（CIP）数据

机器人 SLAM 导航技术与实践/李忠新等编著 . —北京：化学工业出版社，2023.8
（智能制造关键技术与工业应用丛书）
ISBN 978-7-122-43471-5

Ⅰ. ①机… Ⅱ. ①李… Ⅲ. ①机器人 Ⅳ. ①TP242

中国国家版本馆 CIP 数据核字（2023）第 084413 号

责任编辑：张海丽　　　　　　　　　　　装帧设计：王晓宇
责任校对：宋　夏

出版发行：化学工业出版社（北京市东城区青年湖南街 13 号　邮政编码 100011）
印　　装：北京建宏印刷有限公司
710mm×1000mm　1/16　印张 14　字数 262 千字　2023 年 8 月北京第 1 版第 1 次印刷

购书咨询：010-64518888　　　　　　　　售后服务：010-64518899
网　　址：http://www.cip.com.cn
凡购买本书，如有缺损质量问题，本社销售中心负责调换。

定　　价：89.00 元　　　　　　　　　　　　　　　　　　版权所有　违者必究

序

  本书是继作者《"智"造梦工场·典型机电系统创新实验教程》之后的另一本实践教材,是作者团队智能制造创客实践系列成果之一。

  2018年以来,习近平总书记多次提出培养"德智体美劳"全面发展的社会主义建设者和接班人,丰富发展了党的教育方针,立足新时代,从全面建成社会主义现代化强国,实现中华民族伟大复兴的时代使命出发,将劳动教育纳入人才培养目标,形成"德智体美劳""五育并举""五育融通"的高水平人才培养体系。劳动教育是"德智体美劳"国民教育目标的重要组成部分,也是高校立德树人教育根本任务的重要实践载体。

  以培养社会主义事业建设者和接班人为目的的劳动教育,应以"知行合一"作为教育的基本原则。所谓的"行",是指学校开展的具体劳动实践活动,目的是使学生亲临劳动实践场合,体验劳动的实际感受。所谓的"知",是指通过课堂教学环节,使学生掌握关于劳动的知识。以劳树德、以劳增智、以劳强体、以劳育美,是高校劳动教育的内涵。

  北京理工大学地面机动装备国家级实验教学示范中心,响应教育部关于新时代学校劳动教育的要求,将劳动教育依托课程,以创新实践项目群组的方式面向本科生开设多门工程实践必修课程。本书以课程讲义为基础进行编撰,是工程实践课程的指导教材。

  当今机器人技术融合了机械原理与设计、电子技术与传感、计算机软硬件、主流编程语言及人工智能等先进技术,智能机器人也成为创造性思维训练和创造力开发的载体,为培养学生能力、素质提供了资源和平台。本书以多种形式的移动机器人为载体,以机器人 SLAM 导航技术为核心,介绍了模块化机器人构型、模块化机器人感知与运动控制、激光 SLAM 自主导航、视觉 V-SLAM 导航技术及其具体应用。

本书特色可总结为：

理实结合：在系统掌握相关基础理论和方法的基础上，强调学生系统性思维和动手实践能力。

跨界融合：聚焦前沿交叉学科与技术，综合运用机械、电子、计算机、传感等多学科知识和技术，融合学术性与趣味性。

循序渐进：成果导向，通过模块化的实践项目，在完成各阶段任务过程中，激发学生专业兴趣，强化专业感知，做中学与学中做，凸显综合性和挑战度。

强基拓能：配合机器人竞赛等各项任务，在搭建机器人和编制程序的过程中培养学生的动手能力、协作能力和创造能力。

本书的编写团队来自国家级实验教学示范中心，书中内容融入了编写团队丰富的实践教学经验，该书可为机器人 SLAM 导航技术领域的实践教学与创新训练提供指导与参考。

2023 年 5 月

前言

SLAM 技术作为实现机器人自主移动的关键技术之一，广泛应用于机器人、无人驾驶、AR/VR 等多个领域，围绕 SLAM 技术开展实验与实践教学活动，是适应新工科人才培养需求的有效改革，也是推进高等教育综合改革、促进高校毕业生更高质量创业就业的重要举措。要实现机器人 SLAM 导航，需要多学科的知识储备和实践基础，对于很多感兴趣但却没有相关基础的初学者来说，上手是非常困难的。本书即面向机器人 SLAM 导航技术初学者，以实践任务为驱动，始于构型设计、传感、运动、通信等模块的基础实践，循序渐进地完成 SLAM 导航实践，通过系列实践使读者能够快速系统地了解与掌握机器人 SLAM 导航的相关技术。

本书聚焦机器人 SLAM 导航技术，规划设计了多个实践任务与案例。为了方便读者学习与实践，本书分为理论篇和实践篇，理论篇为后续实践提供知识与技术基础，实践篇为本书的核心内容。理论篇共 3 章，对机器人 SLAM 导航相关知识进行了概述，主要介绍移动机器人和模块化机器人、机器人编程、SLAM 技术、自主导航技术相关的基础知识，由于本书主要面向实践教学，故相关知识点均不做深入展开。实践篇共 4 章，包括模块化机器人构型、感知与运动控制基础、激光 SLAM 自主导航和视觉 V-SLAM 导航实践。其中，第 4 章基于机器人创意设计开放平台，从功能设计、结构特点及具体实现方面展开，设计分析了后续实践案例所用的移动机器人构型，并拓展介绍了其他典型机器人构型实例；第 5 章围绕机器人感知、运动控制和通信模块设计了系列基础实验任务，为 SLAM 导航实践深入展开提供实践基础；第 6 章和第 7 章分别规划了激光 SLAM 和视觉 V-SLAM 导航综合案例，通过对案例的详细分解和分析，帮助读者自主完成实践，并从实践和应用维度掌握 SLAM 及其导航技术。

本书中的相关实践案例已应用于北京理工大学地面机动装备国家级实验教学

示范中心的"工程创新实践""典型无人系统工程实践""智能机电系统应用工程实践"等课程,以及其他多个实践教学环节与活动。大量的特色教学实践应用及其成功经验,亦为本书的编写提供了框架结构设计和组织实施模式等方面的思路和引导。

  本教材由李忠新、佘鹏飞、梁振虎、王坤、鲁怡、朱妍妍、相华、赵嵩阳等编著,李忠新、佘鹏飞对全书进行了统稿。

  感谢薛庆教授担任本书的主审,为本书的编写提供了大量的宝贵意见。感谢机器时代(北京)科技有限公司为本书提供的大量案例与素材支持。本书的出版还得到了北京理工大学"十四五"规划教材基金的资助,在此一并表示感谢。

  由于时间仓促,加之作者水平有限,书中尚有不尽如人意之处,敬请各位读者批评指正,以求进一步改进。

编著者

目录

第一篇 理论篇

第 1 章
绪论　　　　　　　　　　　　　　　　　　002

1.1　移动机器人定义与应用　　　　　　　　002
1.2　模块化机器人基础知识　　　　　　　　007
1.3　机器人编程基础　　　　　　　　　　　011

第 2 章
SLAM 技术入门　　　　　　　　　　　　019

2.1　SLAM 知识架构　　　　　　　　　　　019
2.2　SLAM 传感器　　　　　　　　　　　　022
2.3　SLAM 定位算法　　　　　　　　　　　025
2.4　SLAM 方法　　　　　　　　　　　　　027

第 3 章
自主导航技术基础　　　　　　　　　　　037

3.1　自主导航系统结构　　　　　　　　　　037
3.2　环境感知　　　　　　　　　　　　　　038
3.3　路径规划　　　　　　　　　　　　　　042

3.4 运动控制　　044

第二篇　实践篇

第 4 章
模块化机器人构型　　054

4.1 模块化机器人构型创新设计平台　　054
4.2 "探索者"全向移动机器人设计　　058
4.3 "训练师"全向移动机器人设计　　066

第 5 章
模块化机器人感知与运动控制　　073

5.1 机器人感知测试　　073
5.2 电机驱动控制　　084
5.3 机器人底盘运动控制　　103
5.4 机器人通信测试　　115

第 6 章
激光 SLAM 自主导航　　125

6.1 激光 SLAM 导航基础　　125
6.2 基于"探索者"移动机器人的激光 SLAM 导航实践　　133
6.3 基于"训练师"移动机器人的激光 SLAM 导航实践　　165

第 7 章
视觉 V-SLAM 导航实践　　176

7.1 视觉 V-SLAM 导航基础　　176

7.2 基于"训练师"全向移动机器人的 V-SLAM 自主导航实践　　181
7.3 基于"训练师"全向移动机器人的视觉和激光雷达融合 SLAM
　　自主导航实践　　194

参考文献　　198

附录 1："探索者"零部件体系组成　　199

附录 2："训练师"零部件体系组成　　211

第一篇

理论篇

第 1 章

绪论

机器人 SLAM 导航可以通过多种方法实现,并可以在不同的硬件上实现。本章将对广泛应用 SLAM 技术的移动机器人及模块化机器人进行较为全面的介绍,同时也对后续实践环节必要的编程基础进行介绍。

1.1 移动机器人定义与应用

移动机器人技术涉及控制理论、人工智能技术、材料学、机械制造技术、多传感器数据融合技术、电子信息与计算机技术、机电一体化以及仿生学等多个研究领域。移动机器人技术是国家工业化与信息化过程中的关键技术和重要推动力,已经广泛应用于农业生产、海洋开发、社会服务、娱乐传媒、交通运输、医疗康复、航天和国防等相关领域。移动机器人不仅在生产、生活中起到更大的作用,而且为研究复杂智能行为的产生、人类思维的探索提供了有效的工具和平台。移动机器人只有准确地掌握自身位置以及所在环境中障碍物的位置,才能安全地实现面向目标的运动,完成导航任务。因此,研究移动机器人导航技术中的路径规划以及定位技术是一个具有现实意义的研究课题。

1.1.1 移动机器人定义

移动机器人是一种由传感器、遥控操作器和自动控制的移动载体组成的机器人系统,具有自行组织、自主运行、自主规划功能。随着人工智能技术的快速发展,智能化移动机器人也应运而生,它是一个集环境感知、动态决策与规划、行为控制与执行等多功能于一体的综合系统,集合了传感器技术、信息处理、电子工程、计算机工程、自动控制工程以及人工智能等多学科的研究成果,是目前科学技术发展较活跃的领域之一。

1.1.2　移动机器人分类

按移动方式，可分为轮式移动机器人、步行移动机器人（单腿式、双腿式和多腿式）、履带式移动机器人、爬行机器人、蠕动式机器人和游动式机器人等类型；

按工作环境，可分为室内移动机器人和室外移动机器人；

按控制体系结构，可分为功能式（水平式）结构机器人、行为式（垂直式）结构机器人和混合式机器人；

按功能和用途，可分为医疗机器人、军用机器人、助残机器人、清洁机器人等。

1.1.3　移动机器人应用

移动机器人的研究始于20世纪60年代末期，1966—1972年，美国斯坦福国际研究所（Stanford Research Institute，SRI）研制了 Shakey 机器人，如图1.1(a)所示，它是20世纪早期的移动机器人之一。它引入了人工智能的自动规划技术，具备一定的人工智能，能够自主进行感知、环境建模、行为规划并执行任务。1973—1980年，美国斯坦福大学的研究生 Moravec 造出了具有视觉能力、可以自行在房间内导航并规避障碍物的"斯坦福车"（Stanford Cart），如图1.1(b)所示，可谓现代无人驾驶汽车的始祖。1993年，美国麻省理工学院（MIT）人工智能实验室开始开发仿人机器人 Cog，如图1.1(c)所示，在人和机器人交互、人的感知方面作出了巨大的贡献。我国移动机器人的研究起步较晚，但目前也取得了非常大的发展。

早期机器人主要用于科研，随着机器人技术不断发展与改进，机器人性能不断完善，已广泛应用于工业制造、货运、医保、家庭服务、娱乐等领域。其中，

(a) Shakey机器人

(b) 斯坦福车

(c) Cog机器人

图1.1　三种早期移动机器人

移动机器人具有能够感知自身信息和自主移动等功能，且对复杂环境的适应性更强，应用也更加广泛，覆盖了地面、空中和水下，乃至外太空。在代替人从事危险、恶劣（如辐射、有毒等）环境下作业和人所不及的（如宇宙空间、水下等）环境作业方面，移动机器人比一般机器人有更大的机动性、灵活性，在城市安全、国防和空间探测领域等场合得到了很好的应用。

(1) 轮式/履带式移动机器人

轮式/履带式移动机器人主要有智能轮椅、导游机器人、野外侦察机器人以及大型智能车辆等（图 1.2）。机器人利用航迹推算、计算机视觉、路标识别、无线定位、SLAM 等技术进行定位，基于地图完成机器人运动路径的规划和运动控制，结合语音识别、图像识别，实现友好的人机交互，提供引导、解说、物品递送等服务。

(a) 智能轮椅　　　　　　(b) 导游机器人　　　　　　(c) 野外侦察机器人

图 1.2　三种轮式/履带式移动机器人

(2) 腿足式移动机器人

腿足式移动机器人是模仿哺乳动物、昆虫、两栖动物等的腿足结构和运动方式而设计的机器人系统，包括四足以及仿昆虫多足机器人等，如图 1.3 所示。腿足机器人比其他机器人有着更好的地形适应能力，并且更加灵活。腿足式机器人多处于研发阶段，但随着技术趋于成熟，也在逐渐向商业化发展。波士顿动力公司已于 2019 年正式将四足仿生狗商业化。

(a) 波士顿机器狗(四足)　　　(b) 冰壶机器人(六足)　　　(c) Halluc IIx概念车(八足)

图 1.3　三种腿足式移动机器人

(3) 仿人机器人

仿人机器人主要应用于娱乐或表演，也应用于教学和科研。目前的主要研究方向包括以日本本田公司研发的 ASIMO 为代表的位置控制仿人机器人、以波士顿动力公司研发的 ATLAS 为代表的力矩控制机器人（图 1.4）。

(a) ASIMO 机器人　　　　　　(b) ATLAS 双足机器人

图 1.4　仿人机器人

以 ASIMO 为代表的位置控制仿人机器人，其特点是机械机构由 U 形架、板件支撑、宽大的平脚板组成，控制系统由工业控制计算机、大功率伺服控制器、直流电机构成，控制方法为位置控制。这种机器人的特点是控制精度高，系统稳定不易发散；但突出问题就是刚度冗余，对外部扰动的抵抗能力差，采用的控制算法复杂，依赖传感器的反馈等。2019 年，本田公司宣布停止 ASIMO 研发，转向更加实用的服务机器人领域。

以 ATLAS 为代表的力矩控制机器人，其特点是拥有质量高度集中的躯干和轻盈修长的腿脚结构，关节采用液压驱动，采用在线规划控制策略。这种机器人的特点非常突出，动力强劲有力，可以完成空翻、远距离跨越、连续蹦跳等运动，抗扰动能力也非常高。迄今为止，该机器人代表着仿人机器人领域的最高技术水平。

（4）外星探索机器人

外星探索机器人是在地外行星上完成勘测作业的移动机器人（图 1.5），极端环境下的可靠控制是其面临的严峻挑战。美国开发的用于火星探测的移动机器人"探路者""勇气号""机遇号"和"好奇号"都成功登陆火星开展科研探测。我国开发的首辆月球车"玉兔号"也成功完成月球表面勘测任务。

（5）水下机器人

水下机器人，包括远程操作水下机器人和自治水下机器人，在军事、水下观测、水下作业方面具有很大的应用价值。

远程操作水下机器人（Remotely Operated Vehicle，ROV）通过拖缆与母船连接，实现供能、通信、遥控操纵，可完成水下设备的安装、监控、部件替换及水下探测等，主要应用于海洋石油开采业务。

(a) "勇气号"火星车　　　　　　　　(b) "玉兔号"月球车

图1.5　外星探索机器人

自治水下机器人（Autonomous Underwater Vehicle，AUV）没有缆绳，自身携带动力，依靠内置的控制系统来自我控制，可以灵活地完成一系列水下作业任务，包括美国伍兹霍尔海洋研究所研制的REMUS6000和Seabed、日本东京大学开发的Tam-egg和Twin-Burger系列自主式AUV等（图1.6）。与ROV相比，AUV有着巨大的优势，它能够依据运动传感器参数和导航参数的变化而快速修正航向，通过程序控制，能够全自动按照预设的航线进行测量、自动换向或调整航线等操作，能够在测量时保证覆盖工作范围，而且摆脱了线缆的限制，受自然因素影响小，作业效率高。

(a) 美国Seabed自治水下机器人　　　　(b) 日本Tam-egg自治水下机器人

图1.6　水下机器人

(6) 飞行机器人

飞行机器人、无人机的研究和应用在近些年得到越来越多的重视。军事方面，美国研制开发了"全球鹰""捕食者""扫描鹰"等系列军用固定翼无人机，并在实战中完成了搜索、侦察和攻击任务；中国、日本、以色列等国也研制开发了大量无人机系统（图1.7）。工农业方面，无人机在测绘与地理信息、巡检、安防监控、农林植保等领域持续拓展应用；民用方面，无人机主要用于航拍、跟拍等娱乐场景。

(a) "赫尔墨斯"450系列无人机　　　　　(b) 大疆无人机御3

图 1.7　飞行机器人

1.2　模块化机器人基础知识

模块化机器人是一种由各种模块组成，能够快速便捷地进行组合构型并具备不同或特定功能与运动特点的机器人，可以更好地适应环境与任务要求。将机器人分解为标准化、模块化的组件，并研究这些模块化组件如何有机结合，从而实现机械系统的快速构型、功能模块间的有效通信、整体机器人系统的协同控制等功能，是模块化机器人的基础和核心。

1.2.1　模块基本概念

(1) 模块

模块是构成产品的一部分，具有独立功能，具有一致的几何连接接口和一致的输入、输出接口的单元，相同种类的模块在产品族中可以重用和互换，相关模块的排列组合就可以形成最终的产品。模块化程度，即在考虑品种、性能和成本条件下，产品的功能或结构如何划分或聚类，这是产品结构分析的一个重要问题，需要在模块化和集成化之间寻找一个最佳的平衡点，使模块化的实施取得最佳效益。

模块化可重构机器人要完成某项任务，需要其几乎所有模块的协调运动，涉及运动规划、运动学分析和运动控制等多方面的知识。可重构模块化机器人，最基本的就是要实现模块之间的自动对接，需要研究模块的机械和电气接口设计、多传感器信息融合、对接路径规划等方面的技术。

(2) 机器人模块设计的主要原则

模块化机器人系统设计的主要内容是模块的划分模块的设计。模块的划分要考虑机器人的应用范围、工作特点和性能，同时，模块本身也要符合以下几条基本原则：

① 单元模块应具有较灵活的自主移动能力，多模块可实现变形时的自由对

接，保证重构效率与可靠性。

② 单元模块应具备至少一个主旋转自由度，以实现更为灵活的对接姿态，同时当多模块协同完成任务时，该转动副可作为关节作用。

③ 为确保整体系统的鲁棒性，应保证单元模块的互换性，因此要求单元模块是均一的，具备同等级的连接机构与模块功能。

④ 连接机构应从具备一定强度、高可靠性与低能量消耗的角度进行设计。

⑤ 具备丰富的连接面与装配方式，以满足多样化的多模块空间构型需要。

模块化设计的概念是在产品设计和生产不断发展的过程中逐步形成的，模块化设计方法的不断完善和推广使用，也大幅加速了产品设计和生产的革命性发展。

(3) 机器人基本模块

模块化机器人系统是由一套具有相同连接方式的模块构成，主要根据机械结构及功能的不同进行模块划分与设计。本书研究的模块化机器人主要包括关节模块、连杆模块和辅助模块三类。

① 关节模块主要有移动关节模块、转动关节模块、回转关节模块三种形式，每种关节模块内部都装有独立的驱动与传动单元。旋转关节和移动关节是最基本最简单的机器人模块。

② 连杆模块包括普通连杆和拐角连杆模块两种形式，用于调节关节模块轴线之间的距离和方向。连杆模块的自由度为零，内部没有独立的驱动与传动单元。

③ 辅助模块包括基础模块和连接模块。基础模块一般用于机器人与底座的安装，以及调节机器人的高度等；连接模块用于连接不同尺寸系列的关节模块和基础模块，以及机器人的末端执行机构等。

各模块可以根据机器人执行任务以及环境的需求进行个性化设计与组合。

1.2.2　模块化机器人研究现状

模块化机器人组合构型灵活多样，可以适应不同的环境与任务需求，组合成多种类型的机器人结构。

(1) 链式结构模块化机器人

链式结构的机器人具有较好的协调运动能力，多用来研究机器人的整体运动规划和控制，典型代表包括图 1.8 所示南加州大学（USC）沈为民等人研制的 CONRO 链式模块化机器人，图 1.9 所示瑞士洛桑理工大学（EPFL）Moeckel 等人研制的采用蓝牙通信的 YaMor 单自由度模块化机器人，图 1.10 所示宾夕法尼亚大学 Yim 研制的集成度更高的 CKBOT 模块化机器人等。

(2) 晶格结构模块化机器人

晶格结构的模块化机器人具有较好的空间位置填充能力，常用来研究机器人的重构路径规划，典型代表包括图 1.11 所示美国施乐帕克研究中心（PARC）Suh 等人研制的 Telecubes 模块，图 1.12 所示麻省理工学院（MIT）Rus 等人研制的可以在三维空间进行翻转运动的 M-Blocks 模块机器人，图 1.13 所示南丹麦大学 Stoy 等人研制的具有连续转动自由度的晶格结构 ATRON 机器人，图 1.14 所示瑞士洛桑联邦理工学院（EPFL）Auke Ijspeert 等人研制的 Roombots 三自由度自重构机器人，图 1.15 所示上海交通大学费燕琼等人研制的 M-Cubes 模块化自重构机器人等。

图 1.8　CONRO 机器人模块及其部分构型

图 1.9　YaMor 机器人基本模块　　　　图 1.10　CKBOT 机器人及其部分构型

图 1.11　Telecubes 模块　　　　图 1.12　M-Blocks 模块机器人

图 1.13　ATRON 机器人模块与部分构型　　　图 1.14　Roombots 机器人模块与应用

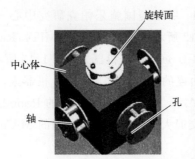

图 1.15　M-Cubes 机器人模块与实验平台

(3) 混合结构模块化机器人

混合结构的模块化自重构机器人兼具链式和晶格结构的特点，不仅具有较好的运动能力，而且重构运动下具有良好的空间位置填充能力，典型结构如图 1.16 所示日本产业技术研究所（AIST）Murata 等人研制的 M-TRAN 混合结构模块化机器人，图 1.17 所示南加州大学（USC）沈为民教授研制的模块自身运动能力更高的 SuperBot 机器人，图 1.18 所示北京航空航天大学魏洪兴等人研制的综合了自重构机器人与移动机器人优点的 SamBot 机器人等。

图 1.16　M-TRAN 机器人三代模块和典型构型

图 1.17　SuperBot 机器人模块及构型示例

图 1.18　SamBot 机器人模块与构型示例

1.3 机器人编程基础

1.3.1 ROS 操作系统

(1) ROS 定义

ROS 是用于编写机器人软件程序的一种具有高度灵活性的软件架构，它提供操作系统应有的服务，包括硬件抽象、底层设备控制、常用函数的实现、进程间消息传递以及包管理等，并实现了多种不同的通信方式。简单来说，ROS 就是一个分布式的通信框架，帮助程序进程之间更方便地通信。一个机器人通常包含多个部件，每个部件都有配套的控制程序，以实现机器人的运动与视听等功能。那么要协调一个机器人中的这些部件，或者协调由多个机器人组成的机器人集群，就需要让分散的部件能够互相通信。在多机器人集群中，这些分散的部件还分散在不同的机器人上。解决这种分布式通信问题正是 ROS 的设计初衷。

ROS 的主要目标是为机器人研究和开发提供代码复用的支持，具备以下优点：

① 小型化。ROS 尽可能设计得很小且不会封装用户编写的主函数，所以为 ROS 编写的代码可以轻松地在其他机器人软件平台上使用，因而 ROS 可以轻松地集成在其他机器人软件平台。

② 使用不依赖 ROS 的三方库。ROS 的首选开发模型都是用不依赖 ROS 的干净的库函数编写而成。

③ 语言独立。ROS 框架可以简单地使用任何现代编程语言实现，已实现了 Python 版本、C++版本和 Lisp 版本。

④ 工具包丰富。工具包包括三维仿真工具 Gazebo、OpenCV 库、编程工具箱 MRPT；此外，在控制的实时性要求高的情况下，可以用 The Orocos Project 来解决问题。

⑤ 方便测试。ROS 内建一个叫作 rostest 的单元/集成测试框架，可以轻松安装或卸载测试模块。

⑥ 可扩展性强。ROS 可以适用于大型运行时的系统和大型开发进程。

⑦ 免费开源。ROS 是一款开源的机器人软件框架，且在 ROS 开源社区有大量的第三方工具和实用开源软件包可供开发者参考或使用。

在众多开源机器人软件系统解决方案中，ROS 操作系统因为其独特的优势及强大的社区支持，已在全球范围的机器人公司及机器人开发者、学习者中得到广泛应用。

(2) ROS 系统构架

从系统实现角度上,可以将 ROS 系统划分为开源社区层、文件系统层和计算图层三个等级层次。

① 开源社区层是研究人员为共享资源在网络上构建的一个友好的开源共享环境。

② 文件系统层是 ROS 中的文件框架按照一定的规则进行组织,不同的功能性文件即各个节点放置在相对应的文件夹中,并通常被封装成功能包形式,便于分类查找以及二次开发使用。详细的层级关系如图 1.19 所示。

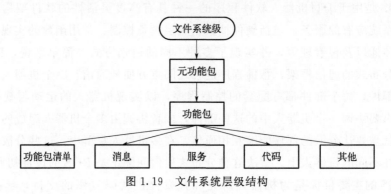

图 1.19 文件系统层级结构

a. 元功能包(Meta Package)主要存放多个组织功能包,按照目的相同相互关联存放。

b. 功能包(Package)主要包括实现功能运行的程序、依赖的库文件、配置文件等信息存储,这种数据结构型式的存储极大地提高了对软件代码的复用率。

ROS 功能包结构如下:

```
catkin_ws                          //ROS 工作空间
|--src                             //代码区
       |--package                  //ROS 功能包文件
              |--CMakeLists.txt    //包编译规则(依赖库、目标文件等)
              |--package.xml       //功能包信息(名称、作者、版本等)
              |--src               //存储 C++源文件
              |--scripts           //存储 Python 源文件
              |--include           //头文件
              |--msg               //通信格式文件
              |--launch            //运行节点文件
              |--config            //配置信息
       |--CMakeLists.txt           //编译基本配置
|--build                           //编译空间
|--devel                           //开发空间
```

③ 计算图层是 ROS 系统实现不同功能单元间处理数据的 P2P 连接，具体如图 1.20 所示。当程序在运行时，其内部通过点与点的形式链接到所有进程网络，系统中任意节点均可通过该网络与其他节点交互，获取相关节点的数据。该层节点（Node）之间的主要通信方式有消息（Message）、话题（Topic）、服务（Service），这些通信方式极大地提高了系统的鲁棒性。

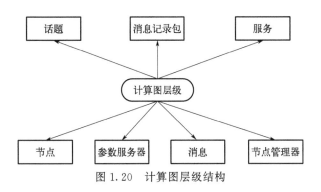

图 1.20　计算图层级结构

a. 节点（Node）是功能包中所运行的可执行文件的进程。一个 ROS 系统在工作状态时会存在多个节点，每个节点单独完成某些功能任务，如某些节点负责电机控制，某些节点负责激光雷达的信息数据传递等。

b. 消息（Message）是一类严格的数据结构：系统已经定义的标准消息和开发人员根据需求自定义的消息。节点间相互协作采用发布/订阅消息来完成任务。

c. 话题（Topic）以一种给定的消息类型发布者（Publisher）和订阅者（Subscriber）来实现节点之间的异步消息传递，传输实时性较弱，在数据传输过程中可实现数据由发布者传到订阅者，同一个话题的订阅者或发布者可以不唯一，且在节点间通信过程中无须知道是否存在订阅者或是发布者，不存在反馈机制。

d. 服务（Service）是另一种以给定的消息类型客户机（Client）和服务器（Server）来实现节点之间的同步传输，传输实时性强，被定义为一种消息结构；是一种请求与应答通信数据类型，一个节点发送请求服务，另一个节点接收到请求消息开始响应服务，并将响应结果反馈应答；是一种带有反馈机制的通信方式，该服务仅允许多个请求对应一个响应。

（3）ROS 在移动机器人无人驾驶系统中的应用

ROS 操作系统越来越多地应用于移动机器人无人驾驶系统的开发。图 1.21 展示了 ROS 操作系统在低速无人驾驶系统中的应用框架。

ROS 操作系统一般需要依托于 X86 的硬件平台上，在实际应用中一般使用工控电脑主机。ROS 操作系统一般安装于 Linux 操作系统中，可以非常容易地实现可视化的操作平台。整个系统的控制层次主要有两个，第一个层次为中央控

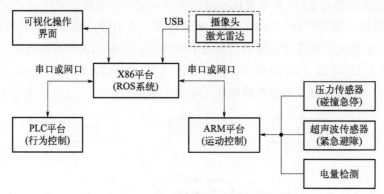

图 1.21 ROS 在无人驾驶系统中的应用框架

制,第二个层次为底层运动控制和行为控制。中央控制系统运行在 X86 的硬件平台上,负责调度整个无人驾驶任务,包括导航、路径规划等。无人驾驶系统的核心算法都运行在中央控制系统上。ARM 平台运行设备的底层运动控制程序接收中央控制系统的指令,控制设备做出相对应的运动,同时将传感器采集到的设备运行数据传递给中央控制系统。设备在运行中一般会采集 IMU 数据、电池电量数据和轮速计数据。在遇到突发情况时,ARM 平台会优先将设备停止,然后将结果传递给中央控制系统。PLC 平台一般控制设备的拓展功能,如扫地、消毒等,这些任务同时受中央控制平台的调度。突发情况的处理为第一优先级,中央控制平台指令为第二优先级。

感知环境主要是通过摄像头和激光雷达完成,这些传感器通过 USB 接口直接和 X86 平台连接。ROS 中对这些传感器有非常丰富的底层驱动,ROS 将这些传感器的数据封装成相同的格式,这样方便各功能模块的使用。X86 平台与 ARM 和 PLC 平台主要通过串口和网口通信,它们之间通信的数据量很小,一般为传递控制指令和一些数据量小的传感器数据。

综上所述,ROS 非常适合应用于无人驾驶系统,它能简化一个无人驾驶项目的落地过程。

(4) ROS 版本

ROS 有两大版本,即 ROS 1 和 ROS 2。

ROS 1 最初由 Willow Garage 于 2007 年创建,主要用于 PR2 机器人的开发,同时希望 ROS 能用于其他机器人。按照最初的设想,ROS 是用于单个机器人、板载工作站级别的计算资源、没有实时性需求、理想的网络连接场景的学术研究项目,强调最大的灵活性,没有过多的约定或者禁止。但是,ROS 发布以来就被应用于各种各样的机器人,包括轮式机器人、腿式机器人、自动驾驶汽车、无人机、无人艇等。随着大量基于 ROS 的产品进入市场,ROS 已经从最初的学术研究项目,演变成一个工业界应用广泛的商业项目,已经成为机器人领域的事实标准。ROS 最初设计时的局限性已经难以满足更多新需求,如实时性和网络延迟,并且 ROS 严重依赖 Ubuntu 系统,导致其无法在小型嵌入式平台运行。

ROS 2 就是在这样强烈的市场需求背景下诞生的,并于 2017 年 12 月 8 日发布了第一个正式版——Ardent Apalone。ROS 2 与 ROS 1 没有继承关系,是一个全新的 ROS。

对于初学者而言,基于 ROS 1 开展学习与实践即可,本书的实践案例也均基于 ROS 1 开展。如上所述,ROS 1 严重依赖 Ubuntu 系统,Ubuntu 和 ROS 版本对应关系及官方支持结束时间如表 1.1 所示。

表 1.1 Ubuntu 和 ROS1 版本对应关系及官方支持结束时间

Ubuntu	ROS 1	发布时间	结束时间
14.04 LTS	indigo Igloo	2014 年 7 月 22 日	2019 年 4 月
16.04 LTS	Kinetic Kame	2016 年 5 月 23 日	2021 年 4 月
18.04 LTS	Melodic Morenia	2018 年 5 月 23 日	2023 年 5 月
20.04 LTS	Noetic Ninjemys (Recommended)	2020 年 5 月 23 日	2025 年 5 月

ROS 2 在支持 Ubuntu 的同时,也支持 Windows、MacOs 和 RHEL(Red Hat),其支持关系如表 1.2 所示。

表 1.2 Ubuntu 和 ROS 2 版本对应关系及官方支持结束时间

Ubuntu	ROS 2	发布时间	结束时间
20.04 LTS	Foxy Fitzroy	2020 年 6 月 5 日	2023 年 5 月
20.04 LTS	Galactic Geochelone	2021 年 5 月 23 日	2022 年 11 月
20.04 LTS	Humble Hawksbill (Recommended)	2022 年 5 月 23 日	2027 年 5 月

在 ROS 系统下,所有的项目都放在一个工作空间下,并通过在工作空间下建立不同的功能包来实现不同的功能。

创建工作空间的方法如下:

```
mkdir-p pantilt_ws/src
cd pantilt_ws/src
catkin_init_workspace
```

其中,pantilt_ws 文件夹是创建的工作空间,src 文件夹放置后续创建功能包的源码。catkin_init_workspace 命令用来初始化工作空间,此命令会在 src 文件夹中生成 CMakeLists.txt 文件。

1.3.2 编程语言

计算机编程语言是程序设计最重要的工具，从计算机诞生发展到现在，已经形成了 C、C++、Java、VB、PHP 等多种语言。本书中的机器人 SLAM 导航算法和实战案例的编码均基于 ROS 框架，ROS 框架可以使用任何现代编程语言实现，其中应用较为广泛的是 C++和 Python。

(1) C++语言

C++语言是目前最为流行的高级程序设计语言之一。C++是 C 语言的继承和扩展，既可以进行 C 语言的过程化程序设计，又可以进行以抽象数据类型为特点的基于对象的程序设计，还可以进行以继承和多态为特点的面向对象的程序设计。

① C++工程的一般组织结构。一般情况下，C++工程的组织结构是将不同的功能封装在不同的类中，每个类用配套的头文件和源文件来实现，头文件可以是 *.h、*.hpp 之类的文件，源文件可以是 *.cc、*.cpp 之类的文件。最后，在 main 函数中调用类来实现具体的功能。

在机器人项目中，C++工程代码通常分成两个部分：一个部分用于实现具体算法，另一个部分用于进行 ROS 接口封装。算法部分数据输入的 C++代码通常采用图 1.22 所示的方式进行组织，并且算法部分的代码往往可以独立运行或作为库安装到系统中；ROS 接口部分的 C++代码则采用 ROS 的方式进行组织。ROS 接口负责数据输入、数据输出以及核心算法调用。

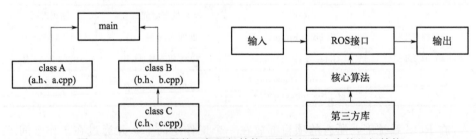

图 1.22 C++工程的一般组织结构以及在机器人中的组织结构

② C++编译过程。C++编译主要分为 4 个过程：
- 预编译，对宏、注释等进行处理，生成 .i 文件；
- 编译，把文件转换为汇编文件，生成 .s 文件；
- 汇编，转化为对应的可执行的二进制机器语言文件，生成 .o 文件；
- 链接，把 .o 文件和库文件链接起来形成一个对象文件。

③ C++开发工具。在进行程序开发之前，首先要在系统中搭建开发环境。C++主流开发工具主要有以下几种，具体见表 1.3。

第1章 绪论

表1.3 C++主流开发工具

开发工具	说明
Visual Studio	Visual Studio(VS)是由微软公司发布的集成开发环境。它包括了整个软件生命周期中所需要的大部分工具,如 UML 工具、代码管控工具、集成开发环境(IDE)等。Visual Studio 支持 C/C++、C#、F#、VB 等多种程序语言的开发和测试,功能十分强大
Code::Block	Code::Block 是一个免费的跨平台 IDE,它支持 C、C++ 和 Fortran 程序的开发。Code::Block 的最大特点是它支持通过插件的方式对 IDE 自身功能进行扩展,使 Code::Block 具有很强的灵活性,方便用户使用
Eclipse	Eclipse 是一种被广泛使用的免费跨平台 IDE,最初由 IBM 公司开发,目前由开源社区的 Eclipse 基金会负责 Eclipse 的管理和维护。Eclipse 支持 C、C++、Python 和 PHP 等多种语言程序开发与测试
Vim	Vim 是一款功能非常强大的文本编辑器,它是 UNIX 系统上 Vim 编辑器的升级版。Vim 不仅适用于编写程序,还适用于几乎所有需要文本编辑的场合,Vim 还因为其强大的插件功能以及高效方便的编辑特性而被称为是程序员的编辑器

(2) Python 语言

Python 是一种解释型、交互式、面向对象的脚本语言,自从1989年设计出来后,经过几十年的发展,已经同 Tcl、Perl 一起,成为目前应用较广泛的三种跨平台脚本语言。

① Python 工程的一般组织结构。Python 项目的组织结构主要有包、模块和类。

- 包:可以理解为文件夹,但文件夹不一定是包,若要使文件夹表现为包,必须在这个文件夹下新建一个名为 "__init__.py" 的文件。
- 模块:可以看成文件,对应 Python 中的 .py 文件。一个模块下面可以包含多个类,也可以直接写函数。
- 类:类中定义了变量和函数。

② Python 编译过程。Python 程序源码不需要编译,可以直接从源代码运行程序。运行 Python 文件时,Python 解释器会执行两个步骤:

- 把源代码编译为字节码(以 .pyc 文件保存);

- 把编译好的字节码转发到 Python 虚拟机（PVM）中执行。

③ Python 开发工具。Python 主流开发工具主要有以下几种，具体见表 1.4。

表 1.4　Python 主流开发工具

开发工具	说明
PyCharm	在涉及人工智能和机器学习时，PyCharm 被认为是最好的 Python IDE。Pycharm 合并了多个库（如 Matplotlib 和 NumPy），帮助开发者探索更多可用选项。PyCharm 提供智能代码服务，并支持远程开发
Jupyter	Jupyter 是一种模块化的 Python 编辑器，支持运行 40 多种编程语言。它的本质是一个 Web 应用程序，便于创建和共享程序文档、数学方程、可视化和 markdown 等。在 Jupyter 中，可以把大段的 Python 代码碎片化处理，每一段分开来运行
Atom	Atom 是一个开源编辑器，可与几乎所有编程语言兼容，如 PHP、Java。它定期更新、可信赖，且具备通用性，包括多个插件，如 SQL queries 包、Markdown Preview Plus 包，以及编辑、可视化和渲染 LaTeX 公式的包
IDLE	IDLE 是 Python 自带编辑器，该编辑器使用简单、通用，且支持不同设备。在使用更复杂工具之前，开发者可以通过 IDLE 学习基础知识
Visual Studio（VS）Code	VS Code 免费且开源，像是精简版的 Visual Studio，升级版的 Sublime。由于其非常轻量，因此使用过程中非常流畅，对于用户不同的需要，可以自行下载需要的扩展（Extensions）来安装
Sublime Text	Sublime Text 是开发者中较流行的编辑器之一，因为它简单、通用、方便。Sublime 有自己的包管理器，开发者可以用来安装组件、插件和额外的样式
Spyder	Spyder 是为数据科学而开发的。它是开源工具，能够与大量平台兼容，因而成为 IDE 新手用户的更好选择。为实现完美开发，它合并了多个关键库，如 NumPy、Matplotlib 和 SciPy

　　Python 是优秀的综合语言，其宗旨是简明、优雅、强大，在人工智能、云计算、金融分析、大数据开发、Web 开发、自动化运维、测试等方面应用广泛。

第2章

SLAM技术入门

SLAM(Simultaneous Localization and Mapping)即同时定位与地图重建,是指搭载特定传感器的机器人,在没有环境先验信息的情况下,通过机器人的运动过程构建环境的增量式地图,同时估计自身的位姿,实现机器人的自主定位与导航。随着移动机器人与无人平台在各类应用场景中的不断进阶与探索,对移动载体定位能力的要求也越来越高,现有的定位输入源主要是基于全球定位系统(Global Positioning System,GPS)等卫星定位手段,普遍存在定位精度不高、信号容易丢失等问题,使得SLAM技术在移动机器人中的应用愈发重要。

本章对SLAM知识构架、常用传感器及方法进行介绍。特别说明,本书以实践为主,对算法不做深入介绍和分析,对算法感兴趣的读者可查阅其他专业资料。

2.1 SLAM 知识架构

2.1.1 SLAM 问题描述

若一个机器人在未知环境中运动,其自身不知道任何位置的先验信息,可以用贝叶斯框架对SLAM问题进行描述,假设有事件A和B,由贝叶斯公式可得事件A在事件B条件下发生的概率为

$$P(A|B) = \frac{P(B|A)P(A)}{P(B)} \tag{2-1}$$

通常把$P(A|B)$称为后验概率,$P(A)$称为先验概率,$P(B|A)$称为似然概率。将上述的SLAM问题进行简化,只考虑观测和当前状态,传感器可以直接测量位姿信息。假设连续随机变量Y为观测的位姿,连续随机变量X为当前的实际位姿。当前的观测为y_0,实际的状态为x_0。由式(2-1)可以得到在观测y_0的条件下实际的位姿是x_0的后验概率:

$$P(X=x_0|Y=y_0)=\frac{P(Y=y_0|X=x_0)P(X=x_0)}{P(Y=Y_0)} \tag{2-2}$$

式(2-2)中进行运算的是概率密度函数，$P(Y=y_0|X=x_0)$ 这个似然概率是传感器的模型，它表示了传感器的精度。$P(X=x_0)$ 在实际中采用主观概率对其进行赋值。$P(Y=Y_0)$ 的分布与时间无关，计算时把它看成一个常数，它的倒数一般记为 η。所以后验概率为

$$后验概率 = \eta \times 似然概率 \times 先验概率 \tag{2-3}$$

归一化的 η 为

$$\eta = \frac{1}{\sum 似然概率 \times 先验概率} \tag{2-4}$$

因为传感器存在噪声，所以传感器得到的观测值有偏差，可以通过求后验概率来得到最接近真实值的观测。后验概率可以很容易计算出，因此 SLAM 问题的解决方法就是把对应后验概率最大的状态值作为实际值。似然概率的分布是已知的，实际状态 X 是按照其分布函数分布的。由此可以求出归一化的 η。

在上述基础上加入更复杂的条件，重新描述 SLAM 问题。首先定义如下集合：

机器人历史的位姿信息：$X_{0:k} = \{x_0, x_1, \cdots, x_k\} = \{X_{0:k-1}, x_k\}$。

历史的控制输入信息：$U_{0:k} = \{u_0, u_1, \cdots, u_k\} = \{U_{0:k-1}, u_k\}$。

环境特征集合：$m = \{m_1, m_2, \cdots, m_n\}$。这里的环境特征是指静态环境特征，即在做 SLAM 问题的数学描述时，假设环境是不动的，只有机器人在动。

观测集合：$Z_{0:k} = \{z_0, z_1, \cdots, z_k\} = \{Z_{0:k-1}, z_k\}$。

引入如下的概率分布：

$$P(x_k, m | Z_{0:k}, U_{0:k}, x_0) \tag{2-5}$$

式(2-5)描述了在初始位姿状态 x_0、观测 $Z_{0:k}$、控制输入 $U_{0:k}$ 和初始化位姿 x_0 的条件下，在 k 时刻的位姿 x_k 和环境特征 m 的联合概率分布。结合式(2-2)的后验概率，$P(x_k, m | Z_{0:k}, U_{0:k})$ 可以通过递归的方法得到。实际中，传感器模型和机器人的运动模型共同影响了似然概率分布，其本质是它们共同影响了最后的观测模型，在 SLAM 系统中最终的观测是机器人的位姿。通常情况下，无法通过观察环境特征直接得到机器人的位姿，但机器人的位姿和传感器采集的环境特征位姿之间有相关性。可以得到对环境特征的观测模型为

$$P(z_k | x_k, m) \tag{2-6}$$

式(2-6)假定每一时刻的观测是相互独立的。机器人的运动模型可以用机器人位姿状态的转移概率分布来描述：

$$P(x_k | x_{k-1}, u_k) \tag{2-7}$$

认为机器人的状态转移是马尔可夫过程，即机器人在 k 时刻的位姿 x_k 只取

决于 $k-1$ 时刻的位姿 x_{k-1} 和 k 时刻的控制输入 u_k，与环境地图和传感器的测量不相关。结合式(2-6)和式(2-7)，得到后验概率表达为

$$P(x_k,m|Z_{0:k},U_{0:k},x_0)=\frac{P(z_k|x_k,m)P(x_k,m|Z_{0:k-1},U_{0:k},x_0)}{P(z_k|Z_{0:k-1},U_{0:k})} \quad (2-8)$$

综上所述，在实际应用中解决 SLAM 问题可以简单归纳为三步：第一步，建立传感器模型和运动模型；第二步，建立传感器位姿与环境特征位姿之间的映射关系；第三步，求出尽可能大的后验概率，将其对应的状态作为实际状态。这样做的根本目的是消除观测的噪声和不确定性。

2.1.2 SLAM 技术发展

SLAM 关注的核心问题在于怎样获得环境信息、怎样将环境信息可视化并根据环境信息更新地图、环境地图的表示方法，即"我在哪""这是哪"及"我怎样到达指定地点"，SLAM 正是为了解决这些核心问题所提出的多项技术的总和。SLAM 作为一种集成概念，其系统由多个架构组成，包括传感器数据感知、前端、后端，通过提取特征进行数据关联与状态估计，实现状态及特征的及时更新，如图 2.1 所示。这一概念最早于 1986 年由 SmithSelf 和 Cheeseman 共同提出，其发展历史已有 30 余年。

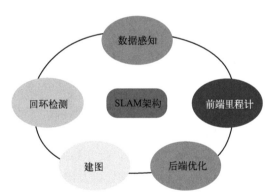

图 2.1 经典 SLAM 架构

SLAM 技术发展历经了三个阶段，如图 2.2 所示。早期的 SLAM 时代被称为传统时代，将机器人定位和建图问题看作状态估计问题，在概率框架之中展开研究，利用扩展卡尔曼滤波（EKF）、粒子滤波（PF）等滤波方法来求解，依据 SLAM 基本框架对其收敛性进行验证。当时，滤波方法是解决 SLAM 问题的主要方法，EKF-SLAM 算法就是最突出的代表。不过 EKF-SLAM 在非线性近似和计算效率上都存在巨大的问题，于是有人提出了有效解决 SLAM 问题的 Rao-Blackwellized-粒子滤波算法，将 SLAM 问题中的机器人路径估计和环境路标点

估计进行分开处理，分别用粒子滤波和扩展卡尔曼滤波对二者进行状态估计。之后，基于 Rao-Blackwellized-粒子滤波的 SLAM 算法诞生，该算法被命名为 Fast-SLAM。也有人基于 Rao-Blackwellized-粒子滤波来研究构建栅格地图的 SLAM 算法，它就是 ROS 中大名鼎鼎的 Gmapping 算法。可以说，基于粒子滤波的 SLAM 算法大大提高了求解效率，让 SLAM 在工程应用中成为可能。

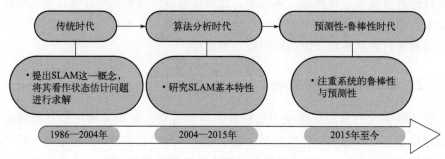

图 2.2　SLAM 技术发展历程

　　SLAM 发展到第二阶段主要集中在算法分析，针对 SLAM 的基本特性展开研究，包括一致性、可观测性、稀疏性和收敛性。在 SLAM 传统时代，SLAM 理论体系被建立起来了，并且该理论框架的收敛性得到了论证。但是，在贝叶斯网络中采用滤波法求解 SLAM 的方法，需要实时获取每一时刻的信息，并把信息分解到贝叶斯网络的概率分布中。可以看出，滤波方法是一种在线 SLAM 系统，计算代价非常大。鉴于滤波方法计算代价昂贵这一前提，机器人只能采用基于激光等观测数据量不大的测距仪，并且只能构建小规模的地图。为了进行大规模建图，在因子图中采用优化方法求解 SLAM 的方法被提出，优化方法的思路与滤波方法恰恰相反，它只是简单地累积获取到的信息，然后利用之前所有时刻累积到的全局性信息离线计算机器人的轨迹和路标点，即优化方法是一种完全 SLAM 系统。由于优化方法糟糕的实时性，最开始并没有引起人们的重视，随着优化方法在稀疏性和增量求解方面的突破，以及闭环检测方面的研究，它体现出了巨大的价值。得益于计算机视觉研究的日趋成熟和计算机性能的大幅提升，基于视觉传感器的优化方法成为现代 SLAM 研究的主流方向。特别是 2016 年 ORBSLAM2 开源算法的问世，给学术界和商业界带来了极大的鼓舞。

　　第三阶段可以概括为预测性-鲁棒性时代，基于已经优化的算法资源，针对更高级别的场景进行环境感知，定位与建图能力均得到进一步提升。

2.2　SLAM 传感器

　　SLAM 传感器包含多种类型：摄像头、激光雷达、毫米波雷达、超声波雷达、红外热成像仪及惯性测量单元等,其中摄像头与激光雷达是该领域研究的核心传感器。

2.2.1 视觉 SLAM 传感器

视觉 SLAM 传感器主要分为 3 类:单目相机、双目相机及深度相机。

单目相机是指使用单个相机来获取数据信息。使用单目相机的优点在于操作简单、成本较低,因此单目相机的流行程度较高。由于单目相机无法采集到地图的实际尺度与机器人的运动轨迹,便无法获得物体的绝对深度信息,只能估计环境的相对深度信息。

双目相机一般由左眼相机和右眼相机水平放置构成,即由 2 个单目相机组合而成。不同于单目相机,双目相机在运动与静止状态下均可通过定标、校正、匹配与计算来估计物体的深度信息。但其标定过程相对复杂、计算过程较为烦琐且计算负荷大。

深度相机能够获得物体的色彩与深度信息。深度相机通常采用结构光或飞行时间法的物理方法获取信息,其信息采集速度较单目相机与双目相机快,采集的数据量也更丰富。但深度相机受小视场角与低分辨率的限制,目前主要用于室内定位与建图。

2.2.2 激光 SLAM 传感器

激光 SLAM 传感器主要有 2 种:单线束激光雷达与多线束激光雷达。

单线束激光雷达也称 2D 激光雷达,在确定高度的水平面上通过测量旋转扫描的激光信号与其回波的时间差、相位差确定环境中目标的距离和角度,并依据这两类数据在水平面上建立二维极坐标系来表示所感知的环境信息。由于 2D 激光雷达的扫描范围固定在平面内,其数据因缺乏高度信息难以成像,适用于室内几何结构,实现小型区域地图构建,如扫地机器人。

多线束激光雷达也称 3D 激光雷达。3D 激光雷达能够采集带有角度和距离的三维点云信息,信息准确度更高且信息量更为丰富,采集到的信息能够实时显示并按比例还原目标形状大小。激光雷达点云信息的数据处理与计算过程较图像处理更为简单,同时不受光照的影响,白天与黑夜的表现能力俱佳。但 3D 激光雷达易受天气影响,穿透雨、灰尘等障碍物的能力较差,制作成本较单线束激光雷达也更昂贵。

激光雷达随着线束的增多,能够感知环境的信息更丰富,所得的数据量也相应更大,设备的成本也成倍增加,因此基于激光的 SLAM 算法需要在线束上有所考量,要达到更好的实时性就需要减少每帧的输入数据量,而较少的初始数据量因为线束稀疏不能很好地反映环境信息。目前的 3D 激光雷达 SLAM 算法研究多基于 16/32/64 线激光雷达，而面向无人驾驶的应用则追求更高精度的 128 线。

2.2.3 惯性测量单元

惯性测量单元（Inertial Measurement Unit，IMU）能够测量物体的加速度与姿态角，其高频的传输速率能够为先验位姿估计提供基础。IMU 的工作原理是对加速度的积分、初始速度、位置进行叠加运算，运算过程中易产生累积误差，累积误差会随时间增加。因此，IMU 很少作为单一传感器支撑定位与建图功能，常与相机或激光雷达配合使用。

2.2.4 其他类型传感器

毫米波雷达、超声波雷达与红外热成像仪在 SLAM 技术中的应用较少，但考虑到不同领域的功能需求，毫米波雷达等传感器在性能上也表现出许多优势。

毫米波雷达能够测量物体的距离、方位角及多普勒速度，同时毫米波雷达与激光雷达相比，其对于雾、霾、灰尘等天气的穿透能力更强，探测范围更广且价格便宜。但毫米波雷达精度较低，在多重波段环境下其工作性能将会大幅下降。

超声波雷达具备耗能缓慢、在介质中传播距离远、价格便宜等优点；但超声波传输的速度极易受到天气影响，当目标高速运动时，超声波由于其本身速度的限制，无法跟上目标的实时速度变化，从而丢失目标信息。当目标距离较远时，回波信号强度较差，会大幅影响测量准确度。

红外热成像仪能够直观地感受到物体的温度场，且其工作不受电磁影响，作用距离也相对较远，能够实现全天候环境感知。但红外热成像技术存在物体间温度差较小导致的图像分辨率差与对比度低等问题，红外热成像仪不能穿透透明障碍物对目标进行识别，且其制作成本也较为昂贵。

各类型传感器优缺点对比见表 2.1。

表 2.1 各传感器优缺点分析

传感器类型		优点	缺点
相机	单目相机	操作简单、成本较低	无法采集深度信息
	多目相机	可获取运动与静止状态下目标的深度信息	标定与计算过程相对复杂、计算量较大
	深度相机	可获取物体的色彩与深度信息，数据采集速度快，数据量更丰富	易受视场角与分辨率影响

续表

传感器类型		优点	缺点
激光雷达	2D 激光雷达	适用于平面信息采集	感知数据缺乏高度信息,难以成像
	3D 激光雷达	感知数据具备目标的高度、距离信息,能够还原物体形状,可实现全天候工作	价格昂贵、易受雨雪雾霾等天气影响
惯性测量单元		采集目标加速度、姿态角信息	易产生累积误差
毫米波雷达		对于雨雪雾霾等穿透力强	数据精度低,多重波段下工作性能会大幅降低
超声波雷达		耗能缓慢、在介质中传播距离远、价格便宜	传输速度极易受天气影响、传输速度相对较慢
红外热成像仪		信息感受更直观、不受电磁影响、作用距离相对较远、全天候环境感知	成本高、不能穿透透明障碍物,存在图片分辨率差与信息对比度低的问题

2.3 SLAM 定位算法

移动机器人自定位与环境建模密不可分。在未知环境中,移动机器人依靠构建的环境地图进行自定位,环境地图的准确性又依赖于定位精度。移动机器人处于陌生环境时,往往由于缺乏参照物难以自定位。基于定位的环境建模与基于地图的定位都是比较容易实现的,但二者抛开其一单独进行都会提高实现 SLAM 技术的难度。目前,专家学者针对定位问题提出了许多解决方法,主要分为 4 大类:概率定位法、信标定位法、图形匹配定位法与全球定位系统。其中,概率定位法作为 SLAM 技术的基础方法,发展到现在已形成多种成熟的算法框架,由于其对定位过程中各种不确定因素的应对能力更强、更易与其他各类定位方法配合使用,且具备较强的自主探索能力,所以广泛应用于移动机器人定位系统。在概率定位法中,比较常见的算法有基于卡尔曼滤波(Kalman Filter,KF)的 SLAM 算法、基于扩展卡尔曼滤波(Extended Kalman Filter,EKF)的 SLAM 算法、基于无迹卡尔曼滤波(Unscented Kalman Filter,UKF)的 SLAM 算法以及基于粒子滤波(Particle Filter,PF)的 SLAM 算法。

(1)基于 KF 的 SLAM 算法

通过多种内部传感器感知信息,将获得的数据进行融合以减少定位误差是进行建图的重要手段之一,使用该方法进行数据融合多基于卡尔曼滤波算法。卡尔曼滤波通过利用线性系统状态方程,根据系统输入的观测数据与输出的分析数据,对系统的状态进行最优估计。SLAM 算法在早期利用卡尔曼滤波的方法进行位姿与环境特征估计。卡尔曼滤波最早于 1958 年被提出，这一方法虽已提出半个多世纪，但仍是各个领域专家学者们研究的热门对象。

卡尔曼滤波算法可分为预测与更新 2 个过程，该算法的核心思想是递归求解。卡尔曼滤波适用于线性系统，然而智能车导航定位与建图大多属于非线性、非高斯系统，基于卡尔曼滤波的 SLAM 算法在位姿估计时存在很大的误差，且该方法受环境噪声影响较大，为解决以上问题，研究学者们相继提出基于扩展卡尔曼滤波的 SLAM 算法、基于无迹卡尔曼滤波的 SLAM 算法和基于粒子滤波的 SLAM 算法。

(2) 基于 EKF 的 SLAM 算法

EKF 方法是 SLAM 定位问题研究中的基础理论。EKF 算法进行定位与建图主要分为 3 部分：状态预测、过程更新以及状态增广。在 EKF 算法中，位姿估计与环境地图构建均由高维状态向量表示，通过泰勒公式将非线性输入与输出方程线性化，同时对状态向量的均值与方差进行估计和优化。

在非线性系统中，EKF 比 KF 表现更佳；但在强非线性系统中，使用 EKF 算法会使运行效率降低。同时，EKF 未考虑泰勒展开式的高阶项，估计过程中存在大量累积误差。采用扩展卡尔曼滤波算法需要在每次迭代过程中重复计算协方差矩阵，导致系统计算量增大。

(3) 基于 UKF 的 SLAM 算法

无迹卡尔曼滤波又称无损卡尔曼滤波，其核心思想是通过无损变换计算均值与协方差，通过确定样本点对新时刻的状态进行预测，该方法属于递归式贝叶斯估计法。确定性样本点即 Sigma 点，通过非线性函数的映射能够得到每个点的权重。由于 UKF 算法将整个系统看作"黑匣子"，摆脱了系统运行时对非线性函数具体形式的依赖性。UKF 算法于 1990 年由 Julier 等提出，试验证明该算法能够改善非线性系统的滤波效果，广泛应用于 GPS-IMU 组合导航系统。

虽然 UKF 的计算复杂度较 EKF 并未降低，但 UKF 符合具有特殊要求的非线性滤波，在技术方面更易实现，且适合处理强非线性状态方程。因此，UKF 也逐渐成为 SLAM 技术研究的热门。

(4) 基于 PF 的 SLAM 算法

PF 算法为每个粒子赋予一个权值，其中每个粒子分别代表某一时刻的状态，通过对这些具备一定权重的粒子进行求和以逼近系统的后验概率分布。PF 算法能够降低高斯噪声与非线性误差对系统模型带来的影响，计算复杂度大幅降低。粒子滤波的流程如图 2.3 所示。

粒子滤波这一概念刚提出时，由于其存在粒子退化问题并没有被立刻应用到定位与建图领域。1993 年，Gordon 等提出一种非线性滤波方法，通过序列显著性采样克服粒子早期退化效应，粒子滤波算法得到改进。此后，针对粒子滤波算法的改进逐渐成为专家学者们研究的热点。

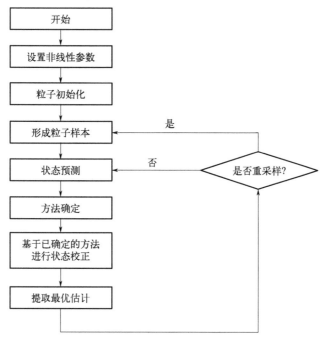

图 2.3 粒子滤波估计流程

2.4 SLAM 方法

目前，SLAM 技术研究主要集中于两种方法：一种是基于便携式激光测距仪的方法，即激光 SLAM；另一种是基于计算机视觉的方法，即视觉 SLAM。但是，依靠单一传感器同时进行定位与建图，系统鲁棒性较差。采用多传感器融合的方式能够提高系统的鲁棒性，将相机、激光雷达、IMU 等多个传感器融合使用，能够极大提高移动机器人位姿与建图的估计精度。常见的多传感器融合方式有视觉与 IMU 融合、激光雷达与 IMU 融合、视觉与激光融合。

2.4.1 激光 SLAM

依赖激光雷达建立地图的激光 SLAM 方案按求解方式可以分为基于滤波器和基于图优化两类。

（1）基于滤波器的 SLAM 方案

基于滤波器的方法源于贝叶斯估计理论，是早期解决 SLAM 问题的方法，在室内或小范围场景应用中具有不错的效果。但由于只考虑移动载体的当前位姿状态和当前环境观测信息，且不具有回环检测能力，存在线性化以及更新效率低等问题,在程序运行中还会随着场景的增大占用成倍增加的计算资源,这使得它在室外大型场景中的表现效果比较差。现阶段,基于滤波器的激光 SLAM 方案主要应用在二维室内小范围场景。

目前,应用最为广泛 2D SLAM 方法 Gmapping 算法就是基于该方案,Gmapping 可以实时构建室内地图,在构建小场景地图时所需的计算量较小且精度较高。

(2) 基于图优化的 SLAM 方案

基于图优化的 SLAM 方案考虑了移动载体历程中全部的位姿状态和环境观测信息,用节点和边形成的图来表示一系列的移动机器人位姿和约束,建立和维护关联数据,可独立出前端实现并行计算,是一种更为高效和普适的优化方法。相较于早期基于滤波器的 SLAM 方法,图优化 SLAM 通常可以得出全局一致性更好的地图,且随着求解方法的不断发展,在相同计算量的前提下,图优化 SLAM 的求解速度也已经超过滤波器方法,是目前 SLAM 领域的主流方法,也是三维激光 SLAM 采取的主要方案。

1) 图优化方法

图优化 SLAM 的研究基础是基于图论,图(Graph)是一种数据结构,由顶点(Vertex)与连接顶点的边(Edge)组成,表示为 $G(V, E)$,其中 G 表示图,顶点的集合表示为 V,边的集合表示为 E,其思想是用顶点表示事物,而连接不同顶点之间的边则用于表示事物之间的关系。如果在图 G 中存在一个顶点上连接两个以上的边,则称该图为超图,在 SLAM 中研究的就是根据已有的观测数据实现超图的构建以及优化的过程。

假设移动载体的位姿节点用 $\mu = \{\mu_1, \mu_2, \cdots, \mu_n\}$ 表示,将环境中的地标表示为 $S = \{S_1, S_2, \cdots, S_n\}$,则移动平台的位姿和地标可以用图 2.4 表示。

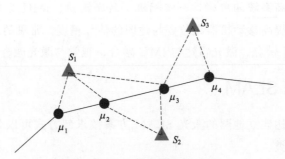

图 2.4 SLAM 问题中的"图"

如果某时刻 k,移动载体在位置 μ_k 通过激光传感器进行扫描观测得到数据 S_k,则传感器的观测方程为

$$S_k = F(\mu_k) \tag{2-9}$$

由于系统参数和传感器观测存在误差，使得式(2-9)不可能精确相等，因此误差 $e_k = S_k - F(\mu_k)$ 便存在，如果把

$$\min F_k(\mu_k) = \|e_k\| \tag{2-10}$$

作为目标函数，把 μ_k 作为变量进行优化，便可以求解得到移动载体位姿的估计值 μ_k'，从而计算出平台移动的轨迹。具体到 SLAM 问题中，顶点表示激光雷达的位姿以及特征点的位姿，而边表示观测方程。观测方程的表达形式有多种，可定义为移动平台不同位姿之间的约束，也可以定义为移动平台在某位置观测得到的某空间点坐标表达式，一般为位姿之间由里程计（odometry）或者匹配（registration）计算出的转换矩阵，这样对移动平台位姿的求解过程就转化为求解图中的优化问题。图优化 SLAM 的模型表示形式也可以从弹簧能量模型的视角来解释，如图 2.5 所示，在 SLAM 中是对位姿的最大似然估计，在弹簧模型中则是对应系统的最小能量状态，而二者的本质问题都可以转换为非线性最小二乘问题。

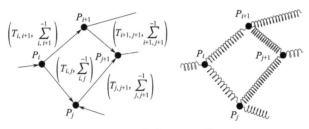

图 2.5 图优化 SLAM 模型

2）图优化 SLAM 方案

基于图优化的 SLAM 方案可以分为扫描匹配、闭环检测、后端优化、点云地图存储表示 4 个部分。利用激光雷达、惯性测量单元（IMU）及编码器等传感器数据进行扫描匹配，利用相邻帧之间的关系估计当前帧的运动姿态，得到短时间内的相对位姿和地图，考虑的是局部数据关联问题。由于长时间的增量式扫描匹配会不可避免地造成误差累积，而闭环检测可以通过比较当前帧与历史关键帧来优化位姿，检查匹配确立节点间的约束关系，减小全局地图的漂移误差，考虑的是全局数据关联。如果是从基于图优化的表示形式来看，扫描匹配和闭环检测都是为了根据观测信息建立图的节点以及节点间的约束，即完成图的构建。研究学者们将两者一起划分为图优化 SLAM 的前端部分。

由于系统参数误差、观测噪声以及匹配误差的存在，通过前端模块所构建的位姿图一致性较差，且通常情况下构建图的边与边的约束存在冲突。若用 $\boldsymbol{T}_i$ 表示帧间匹配的相对变换矩阵，则 $\boldsymbol{T}_0, \boldsymbol{T}_1, \boldsymbol{T}_2, \cdots, \boldsymbol{T}_n$ 构成一个闭环，在理想

情况下应当满足 $T_0T_1T_2\cdots T_n = I$，其中 I 表示单位矩阵，但实际工程中通过前端得到的相对变换矩阵一般是达不到此结果的。与前端部分不同，图优化部分是对前端构建的图信息进行非线性优化，取得尽量满足所有约束关系的最优解，最后输出姿态估计结果和全局点云地图，这一部分也称为 SLAM 后端，与 SLAM 前端共同组成整个图优化 SLAM 框架。

① 扫描匹配。

对于前端扫描匹配，代表性的三维点云匹配算法大体可分为两类：基于匹配的方法和基于特征的方法。

基于匹配的方法根据算法建立的目标评价函数可以分为基于距离判断和基于概率模型判断两种。基于概率模型判断的方法主要是正态分布变换（Normalized Distribution Transform，NDT）算法，基于距离判断的方法主要是 ICP 算法及其变种算法，适合 3D 激光雷达 SLAM 的算法，包括 PP-ICP、NICP、IMLS-ICP 等，其中具有代表性的算法是广义迭代最近点（Generalized Iterative Closest Point，GICP），算法原理是将 ICP 算法和 PL-ICP 算法结合到概率框架模型上进行点云配准，提升了算法的适用性和精确度。基于匹配的算法一般通过直接使用扫描点来实现准确估计，需要使用大量的点进行稳定配准，虽然匹配精度较高但通常计算效率不高。目前，最新的能够快速准确地实现三维激光点云匹配配准的算法是一种体素化的广义迭代最近点算法，该方法通过体素化扩展了 GICP 方法，避免了高代价的最近邻搜索，同时保持了算法的精度，结合了类 ICP 和 NDT 算法的优势。

基于特征的方法通过从扫描点云中提取特征点来提高计算效率，包括使用角点和平面点特征的 LOAM 以及使用面元特征的三维栅格匹配算法多分辨率栅格地图（Multi-resolution Surfel Map）等，也有许多专注于雷达点云特征描述进行点云配准的研究，如快速点特征直方图（Fast Point Feature Histograms，FPFH）、视点特征直方图（Viewpoint Feature Histogram，VFH）等，这种方法能够改善计算成本、提高实时性，从而得到广泛研究。一个经典的基于特征的点云配准算法通常包括关键点检测、特征描述符提取、真实匹配、异常值剔除和转换估计几个步骤。

② 闭环检测。

闭环检测基于全局数据关联，是实现鲁棒 SLAM 的核心步骤，通过识别是否到达历史场景促使地图闭环的能力，能够校正累积误差，从而产生全局一致性的映射地图。但相应的，错误闭环的结果则会严重影响后端优化的准确度，甚至会直接导致最终地图的效果不佳。闭环检测的难点主要体现在：第一，感知歧义，如在长廊、隧道、楼梯等结构化十分相似的场景，会加剧判断难度；第二，由于激光传感器本身的稀疏性造成的观测数据鲁棒性和区分性受限问题，即如何建立易于处理的环境有效表征方式;第三,数据规模会随着运行时间增加而导致需要判断的帧数据不断增长,会降低建图的实时性。

基于激光的场景识别致力于寻求一种有效而简明的位置描述符。目前已有的闭环检测技术有:基于 MonteCarlo 的节点搜索算法,也可依据 GPS 辅助法进行辅助闭环判断;基于描述子的回环检测算法,通过提取局部或全局场景描述子进行场景识别,局部描述子代表算法有 FPFH;利用局部表面法向量计算局部描述子,Bosse 等提出一种基于 Gasalt3D 描述符的概率投票方法,由几何信息和强度信息组成局部描述符 ISHOT;全局描述子代表算法有将关键点对的相对几何位置编码成直方图的 GLA ROT 方法,将激光扫描投影到全局描述符的扫描上下文 ScanContext 方法等;BoW(Bag of Words,一种基于词袋模型的场景识别算法)、FAB-Map(Fast Appearance Based Mapping)和 DBoW2 等方法,但这些方法起初是被用于视觉 SLAM,如 ORBSLAM 和 LDSO。

③ 后端优化。

后端优化是将各帧雷达的位姿和帧间运动约束综合起来达到整体优化的一个过程,可以消除局部累积误差。在大尺度的建图中,一般需要具备一个"监管者"来时刻协调之前的轨迹,这便是 SLAM 的后端优化。基于图优化 SLAM 的后端优化方法可概括分为 4 类:基于最小二乘法的优化方法、基于松弛迭代的优化方法、基于随机梯度下降的优化方法以及基于流形迭代方法。目前,基于图优化的开源优化库有 iSAM(incremental Smoothing and Mapping)、GTSAM(Georgia Tech Smoothing and Mapping)、G2O(General Graph Optimization)、Ceres、BA(Bundle Adjustment)等,借助于这些优化库可节省后端迭代求解优化值的时间。

Google 开源的 Cartographer 算法,即采用基于图优化的激光 SLAM 算法框架,提出了分支定界的方法,解决了地图的构建以及与全局地图的匹配问题,实现了闭环检测和较好效果的全局优化,是目前较为先进和成熟的二维激光 SLAM 技术的代表;基于 3D 激光的 SLAM 算法,沿用并发展了基于图优化的 SLAM 算法框架,并将其应用于无人驾驶等领域,解决了大型场景的定位与建图问题。

2.4.2 视觉 SLAM

视觉 SLAM 系统具有成本低、安装简便等优点,相较于激光 SLAM,能够获取环境中的大量纹理以及色彩信息,提取更多的特征信息,具有更好的场景辨识能力。根据视觉传感器的不同,视觉 SLAM 主要分为单目 SLAM、RGB-DSLAM、立体视觉 SLAM 等方法。其中,采用单相机解决 SLAM 问题的方案称为单目 SLAM;而 RGB-DSLAM 方法不仅需要单目相机,而且需要用到红外传感器；立体视觉 SLAM 则需要在不同方位安装多个相机。视觉传感器一般具有视觉里程测量功能，具有足够的稳定性和鲁棒性，而且易于实现。

一个完整的视觉 SLAM 系统需要同时完成建图和定位这两个任务。定位是描述相机自身的位姿信息和运动的轨迹，建图是描述环境中特征点的位置分布信息。一个基本的视觉 SLAM 系统框架如图 2.6 所示。

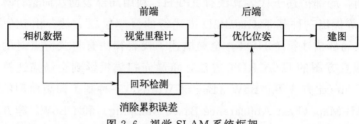

图 2.6 视觉 SLAM 系统框架

视觉里程计作为视觉 SLAM 系统的前端，主要是估算相机运动的，这一步完成了从环境图像信息到相机位姿的转换，其计算结果作为观测的输入。后端主要实现对视觉里程计输出位姿的优化，这里主要使用非线性优化，即一次性优化一组位姿。回环检测是判断相机是否运动到重复的场景，以实现累积误差的消除。建图即保存相机的位姿信息、运动轨迹和环境的位置信息。不管一个视觉 SLAM 系统有多复杂，都会包含以上几部分。

视觉 SLAM 经典方法主要包括基于特征点法的视觉 SLAM 和基于直接法的视觉 SLAM 两大类。

(1) 基于特征点法的视觉 SLAM

MonoSLAM 是一种单目 SLAM 方法，MonoSLAM 采用 EKF 算法建立环境特征点的地图，这种地图虽有一定限制，但在解决单目特征初始化的问题上足够稳定。此外，地图的稀疏性也暴露了机器人在需要更多环境细节的情况下无法完成定位任务的问题。为此，人们研究出了 UKF 方法以及改进的 UKF 方法，用于解决视觉 SLAM 的线性不确定性。基于 PF 的单目 SLAM 方法可以构建更精确的映射，但 PF 方法的算法具有很高的计算复杂度，以至于无法在大型环境下应用。一种基于关键帧的单目 SLAM 方法被提出，即 PTAM。在该方法中，跟踪和建图分为两个并行化的任务，关键帧提取技术，即通过数个关键图像串联，优化地图和运动轨迹，从而避免了对每一幅图像的细节进行处理。这种方法采用非线性优化来替代 EKF 方法解决线性化的困难，进而减少了机器人在定位中的不确定性。但是，由于 PTAM 存在全局优化的问题，使得该方法无法在大型环境中应用。

2015 年，一种新的实时视觉 SLAM 方法——ORB-SLAM 被提出。该方法是一种基于特征点法的单目 SLAM，实时估计 3D 特征位置和重建环境地图，其特征计算具有良好的旋转和缩放不变性，具有较高的定位精度。但该方法使得 CPU 运算负担大，生成的地图仅用于定位需求，无法用于导航和避障需求。为此，开发者进一步改进算法，提出基于 ORB-SLAM 的 ORB-SLAM2，不仅支持 RGB-D 相机以外的单目相机，还支持使用立体相机。然而，ORB-SLAM2 是通过大规模数据生成训练词汇，当词汇量较大时，其过程对于移动机器人来说是非常耗时的，而在机器人工作环境固定的情况下，使用大数据集又会导致大量无效数据的产生。此外，ORB-SLAM2 还缺乏离线可视化和轨迹建图的能力。

（2）基于直接法的视觉 SLAM

LSD-SLAM、DTAM 是基于直接法的单目 SLAM 方法，使用 RGB 图像作为输入，通过所有像素强度估计相机的帧轨迹和重建环境的 3D 地图。DTAM 是一种直接稠密的方法，通过在相机视频流中提取多张静态场景图片来提高单个数据信息的准确性，从而实时生成精确的深度地图。该方法计算复杂度比较大，需要 GPU 并行运算，对全局照明处理的鲁棒性较差。

LSD-SLAM 能够构建一个半稠密的全局稳定的环境地图，包含了更全面的环境表示，在 CPU 上实现了半稠密场景的重建。该方法对相机内参敏感和曝光敏感，需要特征点进行回环检测，无法在照明不规律变化的场景中应用。

SVO（Semi-direct Visual Odoemtry）是一种半直接法的视觉里程计，是特征点和直接法的混合使用，该方法的时间复杂度较低。但是，该方法舍弃了后端优化和回环检测，而且位姿估计会产生累积误差，因此在移动机器人丢失位置后重定位比较困难。

DSO（Direct Sparse Odometry）也是一种半直接法的视觉里程计，基于高度精确的稀疏直接结构和运动公式。该方法能够直接优化光度误差，考虑了光度标定模型，该方法不仅完善了直接法位姿估计的误差模型，还加入了反射亮度变换、光度标定、深度优化等方法，在无特征的区域中也可以使其具有鲁棒性。但是，该方法舍弃了回环检测。

目前，大部分的研究都是基于静态环境，而且光线良好，为非单调纹理特征的情形。但实际生活场景中还会有大量动态的行人或者物体，所以研究动态环境下的 SLAM 也是极其重要的。其关键技术就是能够将动态的行人或物品等特征点在地图中过滤移除，避免对定位和闭环检测产生不良影响。

RD-SLAM 是一种基于关键帧的在线表示和更新方法的实时单目 SLAM 系统。它可以处理缓慢变化的动态环境，能够检测变化并及时更新地图。

DS-SLAM 是一种面对动态环境的语义视觉 SLAM 系统，它结合了语义信息和运动特征点检测，以滤除每一帧中的动态物体，提高位姿估计的准确性，并建立语义八叉树地图。该方法基于优化 ORB-SLAM，具有更好的鲁棒性。

MaskFusion 是一种实时的、具备对象感知功能的语义和动态 RGB-D SLAM 系统。该方法在连续的、自主运动中，能够在跟踪和重建的同时，识别分割场景中不同的物体并分配语义类别标签。

DynaSLAM 是一种在动态环境下辅助静态地图的 SLAM 系统，通过增加运动分割方法使其在动态环境中具有鲁棒性，并且能够对动态物品遮挡的部分进行修复优化，生成静态场景地图。

StaticFusion 是一种面向动态环境、基于面元的 RGB-D SLAM 系统，能够在动态环境中检测运动目标并同时重建背景结构。但该方法的初始若干帧内不能有大量动态物体，否则初始静态场景面元地图的不准确性将增加。

2.4.3 多传感器融合 SLAM

(1) 视觉与 IMU 融合 SLAM

VI-SLAM (Visual-Inertial SLAM) 将视觉传感器和 IMU 优势结合，从而为移动机器人提供更加丰富的运动信息和环境信息。IMU 短时间内对快速运动的准确估计能够弥补相机对于快速运动物体识别的短板，从而更好地处理运动物体高速行驶和旋转等情况。其主要方式是将视觉前端信息与 IMU 信息结合，即视觉惯性里程计 (VIO)，采用滤波技术以及优化方法对采集的物理量信息进行处理，进而实现对自身的运动和环境信息估计。当视觉传感器在短时间内快速运动失效时，融合 IMU 数据能够为视觉提供短时的精准定位，同时利用视觉定位信息来估计 IMU 的零偏，减少 IMU 由零偏导致的发散和累积误差。通过二者的融合，可以解决视觉位姿估计输出频率低的问题，同时位姿估计精度有一定的提高，整个系统也更加鲁棒。目前，VI-SLAM 已在机器人、无人机、无人驾驶、AR 和 VR 等多个领域有所应用。

MSCKF 算法将视觉与惯性信息在 EKF 框架下融合，相较于单纯的 VO 算法，该算法能够应用在运动剧烈、纹理短时间缺失等环境中，而且鲁棒性更好；相较于基于优化的 VIO 算法 (VINS, OKVIS)，MSCKF 精度相当、速度更快，适合在计算资源有限的嵌入式平台运行。ROVIO 是基于单目相机开发的紧耦合 VIO 系统，首先通过对图像块的滤波实现 VIO，利用扩展卡尔曼滤波进行状态估计，使用速度更快的 FAST 来提取角点，其三维坐标用向量和距离表示；其次，所有角点通过图像块进行描述，并通过视频流获取了多层次表达；最后，利用 IMU 估计的位姿来计算特征投影后的光度误差，并将其用于后续优化。虽然该算法计算量小，但对应不同的设备需要调参数（参数对精度很重要），并且没有闭环，经常存在误差，会残留到下一时刻。

OKVIS 是一种使用非线性优化、基于关键帧的视觉惯性 SLAM 技术。OKVIS 的算法流程是通过 IMU 测量值对当前状态做预测，根据预测进行特征提取和特征匹配，三维点特征和二维图像特征构成优化中重投影，同时预测 IMU 状态量和优化的参数之间构成 IMU 测量误差，两项误差放在一起做优化。OKVIS 不支持重定位，也没有闭环检测或校正方案。VINS-Mono 是香港科技大学开发的一个 VIO 算法，用于估计器初始化和故障恢复，采用基于紧耦合、非线性优化的方法。通过融合预积分的 IMU 测量数据和特征观测数据获得高精度的视觉惯性里程计。与 OKVIS 相比，VINS 具有更加完善和鲁棒的初始化以及闭环检测过程。

（2）视觉与激光雷达融合 SLAM

将视觉和激光雷达数据结合起来的 SLAM 方法成为当前研究的热点和难点问题。利用激光雷达在建图和距离测量方面的准确性优势和视觉方法在构建环境信息方面的精度优势，可以有效提高 SLAM 性能，并避免单目相机的缺陷，如尺度漂移、双目深度估计精度低和户外 RGB-D 稠密重建困难等。

已有专家和学者提出了多种将相机和激光雷达数据融合的方法。其中，有研究提出了基于直接法的 SLAM 系统，通过滑动窗口跟踪方法将单目相机和激光雷达数据结合，集成深度信息后通过帧间匹配，提高了运动估计的精度，保证了实时性能。有研究将 2D 激光雷达垂直安装在机器人上并搭配深度相机进行数据采集，构建出高精度地图，但该方法的定位准确度较低。有研究利用相机信息，并通过帧间匹配对点云之间的数据关联进行约束，通过迭代最近点法提高了运动轨迹估计的准确性，但构建的地图精度较低。另外，也有研究采用混合光束法提高地图构建的精度，但该方法的计算负荷较大，严重制约了系统运行的效率。还有研究将激光雷达、摄像头和惯性导航结合起来，提出了一种耦合的 SLAM 方案，实地验证表明，该方案的位姿估计和地图精度较高，实现了高精度的里程计。还有研究提出了相机-激光雷达外参标定方法和遮挡识别算法，并基于重投影和光度的图像特征以及三维点云数据构建了基于特征点的混合残差位姿优化系统，该方法避免了初始值问题，同时提高了标定和建图的精度。

（3）其他类型传感器融合 SLAM

除了常见的激光雷达、相机与 IMU 之间的相互融合，在一些特殊领域还需要与其他类型传感器进行融合使用，如毫米波雷达、地磁传感器、GPS 等。有研究利用气压计、GPS、空速计与 IMU 结合并基于卡尔曼滤波器，依靠三级串联对无人机姿态、速度等信息进行状态估计。有研究基于松耦合方法，通过融合激光雷达栅格地图的定位信息与毫米波雷达点云信息，实现机器人自主定位与导航。有研究基于单目相机、IMU 与磁力传感器融合的 SLAM 系统，开发了一套模糊自适应的九轴姿态融合算法，实现了基于磁力传感器与 IMU 的航向角估计，解决了相机运动时数据感知精度较低的问题。也有研究基于无迹卡尔曼滤波并结合 IMU 与 GPS 感知信号，实现了高精度的 SLAM 算法。

多传感器融合能够为定位与建图提供更好的数据支撑，但其实现难度较单一传感器大大增加，因此，基于多传感器融合的 SLAM 技术依旧面临很多的问题与挑战。

第 3 章

自主导航技术基础

通过计算机中复杂的决策算法，让机器人实现完全自主化是研究的热点方向。所谓完全自主化，就是在完全没有外界指令的干预下，机器人能通过传感器和执行机构与环境自动发生交互，并完成特定的任务，如自主语言交流、自主移动、搬运物品等。目前自主导航主要针对的是机器人、无人机、无人驾驶汽车等无人操控的对象。室内低速移动的机器人自主导航相对容易一些，而室外高速移动的无人驾驶汽车或无人机自主导航会更难一些。

自主导航系统需要通过所搭载的传感器来进行环境感知，并利用感知到的信息做决策来控制执行器形成具体运动。本章将对自主导航系统结构、环境感知、路径规划、运动控制等自主导航技术基础知识进行介绍。

3.1 自主导航系统结构

自主导航系统大致可以分为响应式体系结构和层级式体系结构（图 3.1）。响应式体系结构能在低层级逻辑上对任务做出迅速响应，如当障碍物突然出现

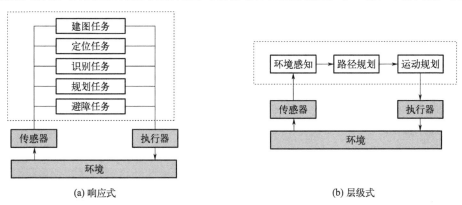

图 3.1 自主导航系统结构

时，系统可以立即触发避障任务的响应，而不需经过其他任务处理结果的层层触发；层级式体系结构则能够对高层级任务逐层进行条理清晰的逻辑推理。实际中，通常是将两种体系结构混合起来使用，如著名的 4D/RCS 体系结构、Boss 体系结构、各大机器人或无人驾驶公司开发的专门体系结构等。

不管采用哪种体系结构的自主导航系统，都要围绕着环境感知、路径规划、运动控制等核心技术来展开。

3.2 环境感知

环境感知就是机器人通过传感器获取自身及环境状态信息的过程。自主导航机器人的环境感知主要包括实时定位、环境建模、语义理解等。

3.2.1 实时定位

实时定位其实就是在回答"我在哪"的问题，机器人不仅要知道自身的起始位姿，还要知道导航过程中的实时位姿。实时定位可以分为被动定位和主动定位两种。被动定位依赖外部人工信标，主动定位则不依赖外部人工信标。

(1) 被动定位

以 GPS 为代表的室外被动定位方法应用到了生活的方方面面，GPS 通过多卫星实现三角定位，对于一些定位精度要求特别高的场合，会在地面搭建信息辅助基站来提高 GPS 的定位精度，即差分 GPS。当卫星信号受到遮挡时，GPS 就无法使用了，因此在室内通常会借移动网络或者 Wi-Fi 进行定位，在定位精度要求更高的场合会使用 UWB 进行定位。这些室内定位方法其实与室外卫星定位方法的原理一样，都是通过外部基站提供的信标进行三角定位。在一些像物流仓储这样的特殊场合，会在环境中布置很多人工信标（如二维码、RFID 条等），从而使机器人在移动过程中检测到这些信标时获取相应的位姿信息。

这些被动定位技术常会结合 IMU、里程计等获得更稳定、更精确的定位效果。

(2) 主动定位

被动定位有很多缺点，一方面是搭建提供人工信标的基站的成本高昂，另一方面是许多场合不具备基站搭建条件（如宇宙中的其他星球表面、地下深坑、岩洞等）。这时，主动定位就凸显出优势了。

所谓主动定位，就是机器人依赖自身传感器对未知环境进行感知获取定位信息。目前，主动定位技术以 SLAM 为代表，即同时进行建图和定位。SLAM 导航方案由建图（mapping）、定位（localization）和路径规划（path planning）3

大基本问题构成，这 3 大问题互相重叠和嵌套又组成新的问题，也就是 SLAM 问题、导航问题和探索问题等。

目前，商用场合通常采用 SLAM 重定位模式进行定位，即先手动遥控机器人进行 SLAM 环境扫描并将构建好的地图保存下来，然后载入事先构建好的离线地图并启动 SLAM 重定位模式获取机器人的实时位姿。大多数 SLAM 算法支持两种工作模式：SLAM 建图模式和 SLAM 重定位模式。例如，Gmapping 先利用建图模式将构建出的地图保存为 *.pgm 和 *.yaml 文件，然后利用 map_server 功能包载入 *.pgm 和 *.yaml 文件并发布到 ROS 话题，最后利用 SLAM 重定位模式（这里通常为 AMCL 算法）及当前传感器信息与地图信息的匹配程度来估计位姿。同样，ORB-SLAM、Cartographer 等也是类似的过程，只是各个算法在位姿估计问题的处理细节上有所不同。

3.2.2 环境建模

以智能车为例，其周边的环境信息通过构建地图进行表示，环境地图是智能车进行自定位与导航的依据。首先对周边环境进行感知并构建环境地图，智能车基于已存储的环境模型，通过内部及外部传感器对环境信息进行感知并与已经完成创建的环境地图进行匹配，根据匹配结果进行自定位。当感知的环境信息与环境地图匹配成功时，通过标定目标点并参考环境地图中的障碍物，可以基于智能车当前位置对其进行路径规划。目前常用的环境地图表示形式可分为 3 种：拓扑地图、几何信息地图与栅格地图。选取环境地图种类时，要充分考虑地图精度与机器人感知目标的精度，地图所展现的特征应与传感器感知的数据类型相匹配。各类型地图优缺点比较见表 3.1。

表 3.1 各类型地图优缺点比较

地图表示类型	优点	缺点
拓扑地图	适用于范围广且障碍物类型较少的场景，占用内存小、计算效率高、路径规划高效	路径规划最优性差，相似物体分辨准确度低
几何信息地图	简化环境信息，障碍物辨识更直观，目标提取更方便	广域环境中数据精度低、计算量大
栅格地图	不受环境地形影响，感知数据易保存与维护	保存数据过多会导致信息更新难度加大、目标识别效果变差

（1）拓扑地图

拓扑地图是一种统计地图，能够保持点与线之间正确的相对位置关系，但原图的形状、距离、方向等信息的准确性不能保证。拓扑地图也属于抽象地图的一种。拓扑地图由 Brooks 等提出，为其后续研究奠定了一套理论基础。拓扑地图由于其较高的抽象度，非常适用于范围较广且障碍物类型较少的场景，同时拓扑地图具备占用内存小、计算效率高、对路径的规划更为高效以及支持许多已经发展的较为成熟的算法等优点。由于拓扑图的识别匹配功能以形成的拓扑节点为基础，当环境中存在 2 个相似物体时，通过拓扑图很难对其进行区分辨认，同时拓扑地图会忽略各节点之间的最短可行路径，从而大大降低了智能车路径规划的最优性。针对传感器感知信息存在模糊的情形，很难根据模糊信息构建大型环境下的拓扑地图。

(2) 几何信息地图

几何信息地图也称特征地图，智能车通过传感器对周边环境进行感知，从获取的环境信息中提取有用信息并以几何特征的形式展示到地图中。几何特征信息有多种表示形式，如线段、曲线等。几何特征能够简化环境中各物体的信息，从而更直观地观测地图中障碍物的信息，便于进行位姿估计、目标识别与提取。同时，定位与建图功能涉及局部地图与全局地图，智能车需要将局部地图与全局地图进行比对，以便进行环境特征的关联。几何信息地图在局部区域中表现出目标高精度识别与计算量较小等优点，但在广域环境内难以保持高精度的坐标信息。同时，基于特征地图进行数据关联的挑战性极大，数据关联的准确性也难以得到保障。对几何信息进行提取需要额外处理感知信息，并且处理过程需要大量数据支撑才能获得较为理想的提取结果。考虑到上述几何信息地图在特征提取与数据关联方面存在误差，在目前的研究中，几何信息地图的使用较少。

(3) 栅格地图

栅格地图将环境信息切分成一个个栅格，给每块栅格赋予一个可能值，代表此栅格被占据的概率。初始化状态下，每个栅格被占据的概率为 50%。

栅格地图的创建不受环境地形影响，环境的感知数据易于保存与维护，方便移动智能车进行自定位与路径规划，且现实环境的目标信息精确度随地图分辨率增大而增大。因此，栅格地图更适用于超声波传感器和激光雷达。当环境范围较大、环境中包含的信息较多时，栅格地图会保存几乎所有的障碍物信息，信息维护和更新的难度加大，目标识别的效果也会变差。考虑到定位过程中存在很大的搜索空间，实现实时应用需要较为成熟的简化算法进行支撑。但目前栅格地图表示法仍是建图技术中常用方法之一。

1) 二维栅格地图

二维栅格地图比较简单，就是将二维连续空间用栅格进行离散划分。机器人通常采用二维栅格地图，对划分出来的每个栅格用一个占据概率值进行量化。如图 3.2 所示，概率为 1 的栅格被标记为占据状态（黑色方块），概率为 0 的栅格被标记为非占据状态（白色方块），概率在 0~1 的栅格被标记为未知状态（灰色方块）。机器人在导航过程中，要避开占据状态的格，在非占据状态的栅格中通行。它通过传感器来探明未知状态的栅格的状态。

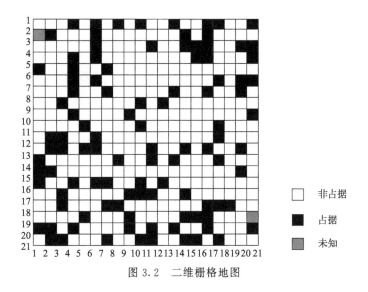

图 3.2 二维栅格地图

2）三维栅格地图

由于二维栅格地图无法描述立体障碍物的详细状态，因此其对环境的描述并不完备。按照同样的思路，将三维空间用立体栅格进行离散划分，就得到了三维栅格地图。三维栅格地图是对划分出来的每个立体栅格用一个占据概率值进行量化，如图 3.3 所示。

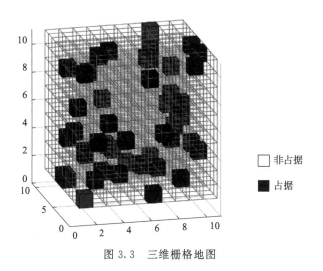

图 3.3 三维栅格地图

相比于二维栅格，三维栅格的数量更大。为了提高三维栅格地图数据处理效率，通常采用八叉树（Octree）对三维栅格数据进行编码存储，这样就得到了八叉树地图（OctoMap），如图 3.4 所示。其实，将一个立体空间划分成 8 个大的立体栅格，然后对每个栅格继续进行同样的划分，这样就形成了一个八叉树结构。利用八叉树，可以很容易地得到不同分辨率的地图表示。

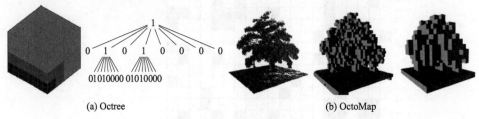

图 3.4 Octree 和 OctoMap

3.2.3 语义理解

对环境状态的理解是多维度的，如对于定位问题来说，环境状态被机器人理解为特征点或点云；对于导航避障问题来说，环境状态被机器人理解为二维或三维占据栅格。站在更高层次去理解，机器人会得到环境状态数据之间的各种复杂关系，即语义理解。例如，无人驾驶汽车要学会车道识别、道路识别、交通信号灯识别、移动物体识别、地面分割等；室内机器人要学会电梯识别、门窗识别、玻璃墙识别、镂空物体识别、斜坡识别等。机器人要在环境中运动自如的话，离不开语义理解这项重要能力。

3.3 路径规划

路径规划是无人驾驶汽车感知中重要的一环，即根据车辆所处位置规划出一条连接驾驶车辆的起点和目标点，且能完美避开障碍物的路径。本书将路径规划算法大体分为全局规划和局部规划两个方面，分别对两类规划算法进行阐述。全局路径规划算法属于静态规划算法，局部路径规划算法属于动态规划算法。

3.3.1 全局路径规划算法

全局路径规划算法以已有的地图信息为基础进行路径规划，寻找一条从起点到目标点的最优路径，包括 Dijkstra 算法、A*算法、D*算法、蚁群算法等。

(1) Dijkstra 算法

Dijkstra 算法由 E.W.Dijkstra 在 1959 年提出，该算法旨在解决地图中一个节点到另一个节点的最短路径问题。Dijkstra 算法计算起始点到周围若干个点的最短距离，在确定新的点后，以新的最短距离的点作为计算点继续搜索，最后找到目标点，连接所有最短路径即为起始点到目标点的最短距离。该算法探索了空间中的每一个点，导致计算量大大增加，故算法效率很低。

（2）A*算法

A*算法为解决Dijkstra算法效率低的问题，在广度优先的基础上加入了一个估价数，其形式如下：

$$f(n)=g(n)+h(n) \quad (3-1)$$

式中，$g(n)$为耗散函数，表示从起始节点到节点n的实际代价；$h(n)$为启发函数，表示节点n到目标节点的估计代价，即节点n到目标节点的最小距离；$f(n)$为从起始节点到目标节点的估计代价。

（3）D*算法

D*算法是Anthony Stentz提出的对A*算法的改进，其为一种反向增量式搜索算法。D*算法主要包含两个部分：过程状态和调整成本，前者用来计算终点到当前节点的最优花费，而后者则用来修正。在向目标点移动的过程中，D*算法只会核对最短路径前后一个节点范围内的节点变化情况，所以较适用于短程的动态寻路，对于长程的最短路径规划较不适用。D*算法规划路径时，其路径一般是紧靠障碍物的折线段，车辆在这样的路径上行驶转向角会发生突变，不利于车身稳定。

（4）蚁群算法

蚁群算法由意大利学者Dorigo提出，参考了蚁群觅食过程中会留下信息素标记的特性。如图3.5所示，蚂蚁朝着两个方向行进概率相同，路径越短，留下的信息素越多，由此，通过确定信息素的多少就能确定两点之间的最短路径。蚁群算法是一种分布式计算方法，正反馈与负反馈相结合，由于各个蚂蚁之间不会相互影响，因此鲁棒性好，易于找到最优路径。但蚁群算法仍存在收敛速度慢、容易陷入局部最优解等问题。

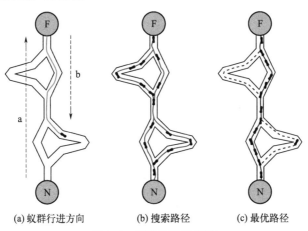

图3.5 蚁群算法示意图

3.3.2 局部路径规划算法

局部路径规划是移动机器人根据自身的传感器感知周围环境，规划出一条移动所需的路线，常应用于跟车、超车、避障等情况。局部路径规划常用的算法有人工势场法、快速搜索随机树算法、模糊逻辑控制法等。

(1) 人工势场法

人工势场是指人为设计的一个虚拟力场，类似于引力场，起始点被看作高势能点，而目标点为低势能点，引力场如图 3.6(a) 所示。而障碍物对机器人会产生斥力，其斥力场如图 3.6(b) 所示，在这种势场的作用下，机器人就能避开障碍物，到达目标点。其合力场如图 3.6(c) 所示。

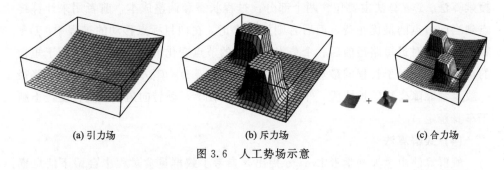

(a) 引力场　　　　　(b) 斥力场　　　　　(c) 合力场

图 3.6　人工势场示意

(2) 快速搜索随机树算法

快速搜索随机树（RRT）算法搜索过程类似于一个树形图。在确定初始点后进行生长，每次生长寻找最近点并向前延伸一段距离，延伸过程中若发生碰撞则停止生长，若没有发生碰撞且新点与现有点的距离大于阈值，则将这个新点也加入 RRT。RRT 算法在延伸过程中是随机的，所以存在很多多余的点。

(3) 模糊逻辑控制法

模糊逻辑是控制算法模仿人脑的思维模式，采用不确定的模糊集合和模糊规则来推理非线性的对象，借助隶属度函数来解决许多非线性、离散的问题。

3.4　运动控制

对基于规则的无人驾驶车辆系统，其关键技术主要包括环境感知、高精地图与组合定位、智能决策与运动规划以及车辆的运动控制。其中，车辆的运动控制根据运动规划输出和实时反馈的车辆行驶状态来控制底盘执行器的动作，使车辆稳定、平滑、精确地跟踪期望路径/轨迹。运动控制作为无人驾驶架构体系的核心环节之一，其性能表现直接影响行驶安全和用户体验，因而具有很强的理论研究意义和工程应用价值。根据控制目标的不同，无人驾驶车辆的运动控制问题可以分为路径跟踪和轨迹跟踪两类。两者区别在于：路径跟踪问题中的参考路径与时间参数无关，通过设计侧向运动控制器使无人驾驶车辆的行驶路径趋近期望路径；而轨迹跟踪问题中的参考轨迹是依赖于时间参数的函数，需要同时考虑车辆的纵向位移和侧向位移误差，通过对车辆纵向和侧向运动的综合控制，使无人驾驶车辆在给定的时间到达对应的参考轨迹点。相对于轨迹跟踪，路径跟踪的实现简单，可以理解为轨迹跟踪问题的简化情况。

3.4.1 路径跟踪控制

如图 3.7 所示，无人驾驶车辆的路径跟踪可以定义为在车辆上选取一点作为控制点来跟踪一条与时间参数无关的几何曲线（位置的空间序列（$(X s)$，$(Y s)$），s 为 Frenet 坐标系下的行进距离），即在给定速度下让控制点 P_c 跟踪期望路径上的目标路径点 P_d。通常假设纵向车速不变，进而设计侧向运动控制器，让控制点与期望路径间的侧向位移误差和航向角误差渐近收敛到数 0。

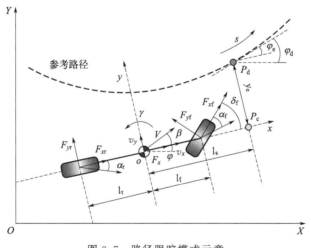

图 3.7 路径跟踪模式示意

（1）基于几何学模型

几何学模型是指无人驾驶车辆转向操纵时的几何关系，包括车辆与参考路径间的相对位姿关系和阿克曼转向几何关系。基于几何学模型的无人驾驶车辆路径跟踪控制的经典算法有纯追踪算法和 Stanley 算法。

1）纯追踪算法

纯追踪算法是早期卡内基-梅隆大学学者提出的路径追踪控制策略。图 3.8 给出了纯追踪算法的几何关系示意图，其基本原理是通过控制车辆的转向半径 R，使车辆后轴中心控制点沿圆弧到达前视距离为 l_d 的参考路径目标点 (g_x, g_y)，然后基于阿克曼转向模型计算得到控制所需的前轮转向角 δ_f。

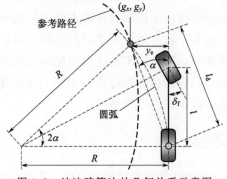

图 3.8　纯追踪算法的几何关系示意图

根据几何关系

$$\frac{l_d}{\sin(2\alpha)} = \frac{R}{\sin\left(\frac{\pi}{2}-\alpha\right)} \tag{3-2}$$

可得车辆转向半径 R 和转向曲率 ρ 分别为

$$\begin{cases} R = \dfrac{l_d}{2\sin\alpha} \\ \rho = \dfrac{2\sin\alpha}{l_d} = \dfrac{2}{l_d^2} y_e \end{cases} \tag{3-3}$$

式中，α 为车辆中心平面与前视矢量的夹角；y_e 为侧向位移误差。

基于需求的转向半径 R，根据阿克曼转向模型得到前轮转向角 δ_f 的控制规律为

$$\delta_f = \arctan\frac{2l\sin\alpha}{l_d} \tag{3-4}$$

式中，l 为车辆轴距。

从式(3-4)可以看出，算法本质上可以理解为转向曲率 ρ 是关于侧向位移误差 y_e 且增益系数为 $2/l_d^2$ 的比例控制。值得注意的是，纯追踪算法的核心在于前视距离 l_d 的选取，前视距离过小会使车辆行驶路径产生振荡，而过大则会导致车辆过弯时拐小弯。

纯追踪算法简单实用，对道路曲率扰动具有良好的鲁棒性；但其跟踪性能严重依赖于前视距离的选择，最优值很难获取。此外，纯追踪算法是基于简单的几何学模型，并未考虑车辆动力学特性和转向执行器动态特性。高速下转向曲率的快速变化易使车辆产生侧滑，系统模型与实际车辆特性相差较大会导致跟踪性能恶化，因此纯追踪算法多适用于较低车速和小侧向加速度下的路径跟踪控制。

2) Stanley 算法

2005 年，斯坦福大学 Stanley 赛车应用 Stanley 算法取得了美国国防高级研究计划局（DARPA）沙漠挑战赛的冠军。如图 3.9 所示，Stanley 算法根据前轴中心控制点到最近的参考路径目标点（g_x，g_y）的侧向位移误差 y_e 和航向角误差 φ_e 设计了如式(3-5)所示的非线性前轮转向角反馈控制律，该非线性控制器可以保证侧向位移误差 y_e 指数收敛到 0。

$$\delta_f = \varphi_e + \arctan\frac{k y_e}{v} \tag{3-5}$$

式中，v 为车速；k 为增益系数。

Stanley 算法相比于纯追踪控制算法更适用于相对更高车速的行驶工况，但是对期望路径的平滑程度要求较高，在道路曲率光滑性不理想的情况下容易出现车辆响应超调过大的问题。由于该算法忽略了车辆动力学特性和转向执行器动态特性，当车辆侧向加速度较大时，其跟踪性能较差。

（2）基于运动学模型

与依赖于车辆位姿关系和阿卡曼转向的几何学模型不同，运动学模型进一步考虑了车辆的运动方程，但不涉及车辆本身物理性质（如质量等）和作用在车辆上的力。在基于运动学模型研究车辆运动控制问题时，通常假设车辆不存在侧滑，即质心侧偏角为 0，满足非完整约束条件。如图 3.10 所示，可以在 Frenet 坐标系下建立运动学模型，将路径曲线表示为行进距离 s 的函数。描述车辆运动的参考坐标系可以根据算法设计需求选取，常用的还包括车辆坐标系和大地坐标系。

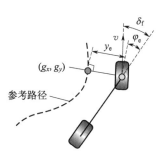

图 3.9 Stanley 算法的
几何关系示意图

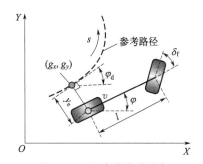

图 3.10 运动学关系示意

Frenet 坐标系下的运动学模型可以表达为

$$\begin{cases} \dot{s} = \dfrac{v\cos\varphi_e}{1-\rho(s) y_e} \\ \dot{y}_e = v\sin\varphi_e \\ \dot{\varphi}_e = \dfrac{v\tan\delta_f}{l} - \dfrac{v\rho(s)\cos\varphi_e}{1-\rho(s) y_e} \end{cases} \tag{3-6}$$

式中，$\rho(s)$ 为在 s 处的参考道路曲率。

基于运动学模型的路径跟踪控制方法不依赖于车辆动力学模型，简单实用，在中低速和小侧向加速度工况下，通常具有较好的控制效果。但是实际车辆在大侧向加速度工况下运动时存在较为明显的侧滑，不满足非完整约束条件的前提假设，所以基于运动学模型的方法不适用于高速和大侧向加速度工况。

(3) 基于运动学及动力学模型

由于基于几何学/运动学模型的路径跟踪控制方法忽略了车辆系统动力学特性，适用工况具有局限性。因此，为了获取更加精确的跟踪控制效果，尤其是在高速和大侧向加速度工况下，有必要在路径跟踪控制设计时考虑车辆系统动力学特性。无人驾驶车辆是高度非线性并具有强耦合特征的复杂动力学系统，扩张模型维度虽然可以提高模型精度，但同时会增加建模难度，也给算法的快速求解带来了挑战，所以对其建模时需要权衡考虑模型的复杂度和保真度。

按照控制结构的不同，可以将考虑车辆动力学特性的路径跟踪控制算法归纳为两类：一类是直接基于系统模型进行反馈控制；另一类是先根据运动学关系计算表征车辆运动的虚拟控制量，如横摆角速度等，然后根据车辆动力学特性进行跟踪。分层控制结构可以将车辆高维非线性控制问题分解，同时也便于直接横摆力矩控制等传统车辆动力学控制手段在无人驾驶车辆上的扩展应用。若按控制方法不同，则可以将基于运动学和动力学模型的路径跟踪算法分为 PID 控制、全状态反馈控制、滑模控制、模型预测控制、鲁棒控制、自抗扰控制、微分平坦理论、模糊控制等。

虽然路径跟踪控制研究已经取得了长足的发展，但仍有相关问题尚未得到很好解决。

① 在系统模型层面，对于小侧向加速度的常规工况，采用简单的几何学/运动学模型或线性动力学模型通常可以满足需求。而在大侧向加速度下的极限工况，模型不准确可能会导致跟踪性能恶化，因此需要考虑轮胎的非线性、滑移、侧倾/俯仰运动、执行器动态特性等影响因素，建立高保真的非线性动力学模型。但模型的复杂度增加必然会带来控制律设计难度和计算量的增加，如何构建面向极限工况的高保真且便于控制实现的数学模型需要进一步深入研究。

② 在控制方法层面，各类控制方法存在各自的优缺点，控制算法的设计应该建立在对被控对象和应用场景的深入理解和把握的基础上。无人驾驶车辆路径跟踪存在高维非线性控制问题，如何有针对性地对参数不确定性、外部扰动等进行鲁棒控制研究仍是其重点和难点，需要不断探索和完善。针对模型预测控制等方法存在的在线计算量大、不易在低成本开发平台上硬件实现的问题，如何通过优化算法结构和求解过程等手段降低在线计算量也是一大挑战。

③ 在工况复杂度层面，现有研究大多还集中在小侧向加速度的常规工况，

对车辆在大侧向加速度的极限工况和曲率不连续、路面突变等复杂工况考虑不足，算法的适用性和鲁棒性尚缺乏足够验证。为了更好地应对工况复杂度增加，可以从执行器的角度出发，引入直接横摆力矩控制等手段提升车辆的侧向响应速度和控制裕度，但在极限工况下，执行器存在动作耦合和动态响应特性差异，冗余异构执行器的控制分配问题需要解决，同时故障诊断和容错控制技术有待完善。此外，路面附着系数和质心侧偏角是极限工况控制下至关重要的信息输入，受制于成本限制，高精度的车辆状态与参数估计不可或缺。而无人驾驶车辆信息源更加丰富，如可以结合图像预估和传统车辆动力学进行路面附着系数融合估计。如何针对多源异构传感系统的时序混杂和冗余互补特性深度融合这些信息成为新的问题。

3.4.2 轨迹跟踪控制

根据图 3.11 所示，车辆的轨迹跟踪可以定义为在车辆上选取一点作为控制点来跟踪一条带有时间属性的轨迹 [位置的时空序列 (X_t, Y_t)]，即让控制点 P_c 跟踪给定时刻对应的沿期望轨迹运动的移动目标轨迹点 P_d。轨迹跟踪相比路径跟踪会多考虑被控对象在纵向上的位移变化，使车辆的纵向和侧向位移误差同时收敛，因此在轨迹跟踪控制设计中要综合考虑车辆的纵向运动和侧向运动。

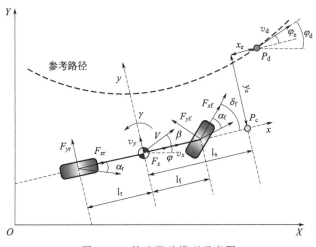

图 3.11　轨迹跟踪模型示意图

对于无人驾驶车辆的运动控制而言，车辆的纵向运动与侧向运动间的耦合效应包括三类：运动学耦合、轮胎力耦合以及载荷转移耦合。运动学耦合指的是由于车轮转向角的存在，转向轮侧偏力在纵向的分量会影响纵向运动，同时侧向运动也受纵向速度影响；轮胎力耦合是指轮胎侧向力和纵向力之间相互作用，两者合力受到摩擦椭圆约束；载荷转移耦合是指纵向加速度引起的前后轴载荷转移或侧向加速度引起的左右轮载荷转移带来的轮胎垂直载荷重新分配，进而对纵侧向动力学产生影响。

参照车辆动力学集成控制的分类方式，按照控制结构的不同，可以将现有的轨迹跟踪控制分为分散式控制和集中式控制。分散式控制是指通过对纵侧向运动进行解耦，把轨迹跟踪问题分解为纵向运动控制和侧向路径跟踪问题，分别设计子系统相应的控制律。而集中式控制是指将轨迹跟踪问题中的纵侧向运动统一考虑，由一个全局控制器给出纵侧向的控制输入。

(1) 分散式控制

整体上，目前基于规划与控制集成的避障研究多集中在仅有静态障碍物的简单场景，现有报道中缺少对复杂交通场景下障碍物运动不确定性的考量，结合障碍物轨迹预测是未来的发展趋势。分散式结构的轨迹跟踪控制实现相对简单，可以在纵向运动控制和侧向路径跟踪控制的算法基础上进行协调设计。但分散式控制只是对纵侧向运动控制系统进行协调甚至直接忽略两者耦合，当转向角较大和车速急剧变化时运动学耦合增强抑或是在极限工况下的动力学耦合增强，都可能会导致跟踪性能退化。分析轮胎力耦合和载荷转移耦合因素对轨迹跟踪的作用机理，对完善极限工况下的纵侧向控制律协调设计具有重要意义。

(2) 集中式控制

在研究前轮线控转向车辆轨迹跟踪控制问题时，部分学者基于非完整约束将这类车辆看作轮式机器人进行控制。图 3.12 给出了基于零质心侧偏角约束三轮车辆建立的运动学位姿误差模型示意图。

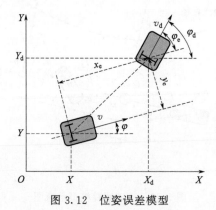

图 3.12 位姿误差模型

位姿误差从大地坐标系转换到车辆坐标系表示为

$$\begin{pmatrix} x_e \\ y_e \\ \varphi_e \end{pmatrix} = \begin{pmatrix} \cos\varphi & \sin\varphi & 0 \\ -\sin\varphi & \cos\varphi & 0 \\ 0 & 0 & 1 \end{pmatrix} \begin{pmatrix} X_d - X \\ Y_d - Y \\ \varphi_d - \varphi \end{pmatrix} \quad (3\text{-}7)$$

式中，$(X_d, Y_d, \varphi_d)^T$ 和 $(X_d, Y, \varphi)^T$ 分别为大地坐标系下的车辆期望位姿和车辆当前实际位姿；(x_e, y_e, φ_e) 为车辆坐标系下车辆实际位姿和期望位姿间的误差。

车辆的非完整运动约束可表达为

$$\begin{cases} \dot{X}\cos\varphi + \dot{Y}\sin\varphi = v \\ \dot{X}\sin\varphi - \dot{Y}\cos\varphi = 0 \end{cases} \quad (3-8)$$

结合式(3-8)，对式(3-7)左右两边分别求导可得运动学位姿误差微分方程

$$\begin{cases} \dot{x}_e = \omega y_e - v + v_d\cos\varphi_e \\ \dot{y}_e = -\omega x_e + v_d\sin\varphi_e \\ \dot{\varphi}_e = \omega_d - \omega \end{cases} \quad (3-9)$$

式中，ω_d 和 ω 分别是车辆参考横摆角速度和实际横摆角速度；v_d 和 v 分别是车辆参考车速和实际车速。

集中式结构的轨迹跟踪控制从系统整体的角度出发，可以在控制律设计过程中更加充分地考虑纵向运动控制和侧向运动控制间的耦合特性，但是相比于分散式结构，系统模型维度和复杂度的增加给控制律设计带来了更大的挑战，计算量更大、物理实现成本高。整体上，极限工况下轨迹跟踪控制的轮胎力协调机制设计至关重要。

第二篇

实践篇

第4章

模块化机器人构型

机器人本体结构是实现 SLAM 导航的基础。本章重点围绕全向移动机器人硬件系统设计展开，包含两部分内容：第一部分侧重结构的设计和分析，详细分析全向移动机器人的结构特点，并设计全向移动机器人实践案例；第二部分为结构扩展设计，将介绍控制器、传感器等电子部件的安装和控制电路的连接，并制作出功能完备的机器人，为后续章节的实践案例提供实践载体。

4.1 模块化机器人构型创新设计平台

4.1.1 "探索者"创新设计平台——"零件级"

"探索者"创新设计平台结合了机械、电子、传感器、计算机软硬件、控制、人工智能和造型技术等众多技术，配置有结构件、控制器、传感器、伺服电机等，方便设计与搭建包括机器人、流水作业线等各种机械结构，验证其运动特性，并可以完成大多数数字/模拟电路、单片机、检测技术等方面的实验。

"探索者"零件的材料是铝镁合金，是一种广泛应用于航空器制造的材料。其特点是重量轻、硬度高、延展性好，可用于制作承力结构；采用冲压和折弯工艺，外表喷砂氧化，不易磨损，美观耐用。"探索者"零件系统由一组经过高度综合与抽象的几何元素构成，可根据需要构建"点、线、面、体"，从而设计丰富多样的机械结构，如图 4.1 所示。"探索者"零件系统核心零件总数约 30 种。

图 4.1 "探索者"零件系统示意

"探索者"零件大致分为零件孔、连杆类零件、平板类零件、框架类零件以及辅助类零件五大类。

(1) 零件孔

零件孔提供了"点"单位。最常用的零件孔是"3mm 孔"和"4mm 孔",通过紧固件(螺钉、螺母等)可以将零件组装在一起。

(2) 连杆类零件

连杆类零件提供了"线"单位。连杆类零件可用于组成平面连杆机构或空间连杆机构。杆与杆相连可以组成更长的杆,或构成桁架。

(3) 平板类零件

这类零件适合作为"面"单位参与组装,如底板、立板、背板、基座、台面、盘面等。同时平板与平板之间的连接可以组成更大的"面",或者不同层次的"面"。

(4) 框架类零件

框架类零件的参与,使线和面可以连接成"体"。框架类零件多用于转接,连接不同的"面"零件和"线"零件,组成框架、外壳等。框架零件本身是钣金折弯件,有一定的立体特性,甚至可以独立成"体"。

(5) 辅助类零件

辅助类零件是通用性较弱,而专用性较强的零件。

① 常规传动零件。以齿轮为代表,提供常见的传动机构的元件,它们基本没有通用性,但是某些特殊机构必须用到。

② 偏心轮连杆。专门用于和偏心轮组合的连杆,在实际组装中,连杆件组成的曲柄摇杆结构可以替代偏心轮,但是使用偏心轮可以避免死点问题。

③ 电机相关零件。电机周边的辅助零件包括电机支架、输出头和 U 形支架等。

④ 轮胎相关零件。轮胎需要联轴器才能和电机的输出头相连。

⑤ 标准五金件。"探索者"所用连接件(如螺钉、螺母等)均为标准五金零件,而且与其他标准五金零件的兼容度非常高,在使用中可以自己购买各种 $\phi 3$ 接口的五金零件,将它们搭配在一起使用。

"探索者"通过这些零件组合可以搭建各种典型的机器人模块及其衍生模块,通过机器人模块可以搭建各种机器人。具体的零部件清单、图样及使用说明可查阅附录 1。

4.1.2 "训练师"创新设计平台——"功能级"

"训练师"创新设计平台是一个功能级模块化机器人开发工具平台,结合模块化设计方法对机械臂、底盘、仿生机器人等进行结构分析、解构,提炼出 10

余种稳定的、典型的机器人模块，方便设计和制作机械臂、底盘、仿生机器人等各类典型的、稳定的工程级机器人，验证其性能和控制算法。

"训练师"创新设计平台基于应用级机器人架构设计，核心驱动单元采用一体化设计方案，集成了电机、减速器、伺服三大机器人核心部件，平台中所有模块间通信采用稳定的工业级CAN总线通信，控制上提供支持Python、C++、ROS等机器人主流开发环境的软件接口，帮助机器人设计者在功能开发和工程开发两个设计阶段快速地构建一个稳定的机器人开发平台。

"训练师"零部件系统由驱动组件、联动组件、执行器和配件组成，其零部件系统核心包含10余种机器人结构模块和20余种结构零件，每个模块和零件组合时遵循孔间距为20mm的规则，孔径统一为2.5mm。"训练师"创新设计平台系统架构具体如图4.2所示。

图 4.2 "训练师"创新设计平台系统架构

(1) 驱动组件

驱动组件作为机器人的基本运动单元，包含智能一体化关节模块、橡胶轮模块、福来轮模块、麦克纳姆轮模块、履带模块、直线模块等。

(2) 联动组件

联动组件作为机器人的基本传动单元，包含并联关节模块、平行关节模块、避振模块、悬架模块等。

(3) 执行器

执行器作为机器人具体作业的末端实施装置，包含双指夹持器和三指夹持器。

(4) 配件

配件用于搭建机器人的基本框架和连接各个模块，包含杆类零件、管类零件、折弯类零件、万向轮模块等。

(5) 标准五金零件

"训练师"所用连接件（如螺钉、螺母、螺柱等）均为标准五金零件，而且与其他标准五金零件的兼容度非常高，在使用中可以自己购买各种 $\phi 3mm$ 和 $\phi 2.5mm$ 接口的五金零件，将它们搭配在一起使用。

(6) 智能一体化关节模块

"训练师"智能一体化关节模块是机器人基本驱动单元，完整的模块包含 3 个部分，分别是减速器、电机和伺服驱动，结构如图 4.3 所示。

图 4.3　"训练师"智能一体化关节模块

独立电机驱动转速较高，扭矩较小，在机器人中无法直接输出，因此需要通过减速器进行转接。常用的电机包含有刷电机和无刷电机。"训练师"智能一体化关节模块采用无刷电机。

减速器用途为降低电机转速并提高转动模块力矩，为机器人驱动提供更高的力矩性能。常用的机器人减速器包含行星减速器、RV 减速器、谐波减速器。"训练师"智能一体化关节模块采用行星减速器。

伺服驱动用途有两个，一是驱动电机转动，二是通过编码器等传感器获取电机的转速、位置、电流等参数。常见的伺服传感器包含磁编码、霍尔编码、光电编码。"训练师"智能一体化关节模块采用磁编码。

具体的零部件清单、图样及使用说明可查阅附录2。

4.2 "探索者"全向移动机器人设计

4.2.1 "探索者"全向移动机器人结构设计

全向移动机器人可以实现全方向平移,且可绕自身中心点旋转,具有运动灵活、方向控制简单等特点。"探索者"平台设计的典型全向移动机器人主要有 4 种,分别为三轮福来轮全向移动机器人、四轮福来轮全向移动机器人、四轮麦克纳姆轮全向移动机器人和双驱差速四轮全向移动机器人,本节将分别对其进行结构分析。特别说明,"探索者"四轮福来轮全向移动机器人为 6.2 节的主要实践载体。

(1) 福来轮全向移动机器人

福来轮全向移动机器人是采用福来轮模块进行设计的全向移动机器人。福来轮由 1 个主轮和多个副轮组成,其中主轮和副轮以 90°角度垂直分布,轮结构如图 4.4 所示。其中,主轮为驱动轮,副轮为随动轮。

图 4.4 福来轮结构示意

福来轮全向移动机器人按车轮数量分类,可以分为三轮福来轮全向移动机器人和四轮福来轮全向移动机器人,如图 4.5 所示。

(a) 三轮福来轮全向移动机器人　　(b) 四轮福来轮全向移动机器人

图 4.5 "探索者"福来轮全向移动机器人示意

常见的三轮福来轮全向移动机器人轮模块按正三角形的 3 个顶点分布,四轮按正方形 4 个顶点分布。接下来具体介绍四轮福来轮全向移动机器人的设计和制作过程。

"探索者"四轮福来轮全向机器人主要由 4 个呈正方形分布的福来轮模块组成,考虑机器人的抓地力,增加了一个刚性悬挂,主要结构分解如图 4.6 所示。

其中,福来轮模块包括步进电机、电机支架和福来轮。"探索者"福来轮模

第 4 章 模块化机器人构型

刚性悬架顶板
刚性悬架底板
福来轮模块

图 4.6 "探索者"四轮福来轮全向机器人结构拆解

块的组装说明可参考表 4.1。

表 4.1 "探索者"福来轮模块组装说明

步骤	图示
第一步:取 1 个步进电机和 1 个步进电机支架,按如右图所示进行组装,并使用螺钉螺母完成装配	
第二步:取福来轮联轴器,把联轴器的盖用十字螺丝刀拧下,将联轴器座按如右图所示进行安装	
第三步:取 1 个全向福来轮按如右图所示进行组装	
第四步:将福来轮联轴器盖扣在福来轮上,用螺钉锁死完成模块组装	

四轮福来轮全向移动机器人运动时有两种前进方案:方案一为以相邻两个车

059

轮为前向，方案二为以其中一个车轮方向为前向，如图 4.7 和图 4.8 所示。

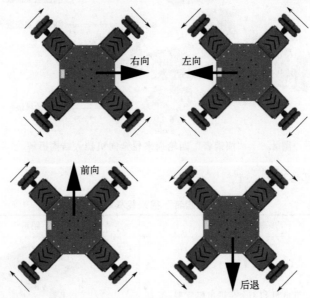

图 4.7　四轮福来轮全向移动机器人运动方式示意（方案一）

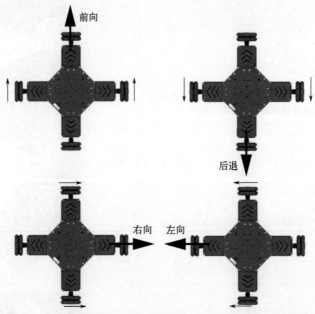

图 4.8　四轮福来轮全向移动机器人运动方式示意（方案二）

方案一中，机器人每个方向的运动均由 4 个车轮同时运动来控制，且斜对角车轮转向一致。方案二中，机器人每个方向的运动由对角两个车轮同时运动来控制，另外相邻两个车轮停止不动。

（2）麦克纳姆轮全向移动机器人

麦克纳姆轮也是由1个主轮和多个副轮组成，不同的是，主轮和副轮以45°角度差分布，车轮结构如图4.9所示。其中，主轮为驱动轮，副轮为随动轮。当麦克纳姆轮转动时，实际的运动方向为副轮方向，如图4.10所示。

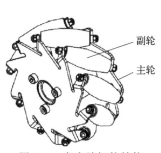

图4.9　麦克纳姆轮结构

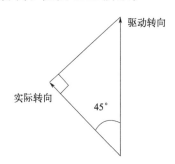

图4.10　麦克纳姆轮速度分解示意

一般常见的麦克纳姆轮全向移动机器人为四轮结构，呈矩形分布，如图4.11所示。

图4.11　麦克纳姆轮四轮全向移动机器人示意

因为麦克纳姆轮的结构特性，通过运动及受力分析可得，要实现麦克纳姆轮底盘的全向移动，4个麦克纳姆轮需按照"4个麦克纳姆轮的副轮轴向延长线都过底盘中心"的原则进行安装。图4.12展示了其中一种安装方式及底盘运动方向与车轮转向间的关系。

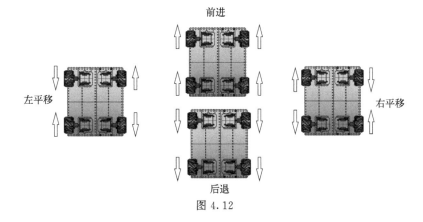

图4.12

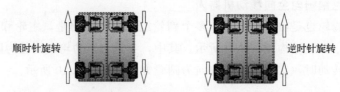

图 4.12　麦克纳姆轮底盘运动方向与车轮转向间的关系示意

(3) 双驱差速四轮全向移动机器人

此类移动机器人的底盘前后为随动万向轮，中间为差速双驱，具有结构简单、成本低、控制难度低等特点。图 4.13 为利用"探索者"平台设计的万向轮全向移动机器人。

图 4.13　双驱差速四轮全向移动机器人示意

4.2.2　"探索者"全向移动机器人扩展设计

(1) 硬件及电子模块安装

"探索者"使用的控制器主要可以分为 2 类：一类是微型控制器（单片机），如基于 Arduino 设计的单片机、基于 STM32 设计的单片机；另一类是嵌入式控制器，如树莓派、旭日 X3 派等。单片机常用于机器人电机的驱动、传感器数据的获取，嵌入式控制器常搭载 Ubuntu 系统和 ROS 做一些系统层的处理，如视觉处理、激光雷达导航处理等。

电子部件与探索者零部件之间用标准的 M3 螺钉和螺母即可进行连接和固定，图 4.14 展示了本书后续章节中用到的"探索者"移动机器人及电子模块组装示意。

(2) "探索者"机器人结构扩展设计

"探索者"零件的装配孔主要有 2 种，分别是直径 3mm 孔和直径 4mm 孔，如图 4.15 所示，几乎所有零部件均可通过 M3 国标螺钉进行装配固定。同时，"探索者"零件孔间距固定为 10mm，零件板厚度为 2.5mm 或其倍数，如图 4.16 所示。正是因为"探索者"零件具有这样的特性，使其可以设计并搭建出多种类型的机器人，本节对部分典型作品进行介绍和分析。

(a) 激光雷达安装示例

(b) 摄像头安装示例

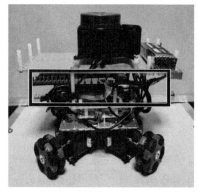
(c) 单片机板安装示例

(d) 树莓派控制器安装示例

图 4.14　"探索者"移动机器人及电子模块组装示意

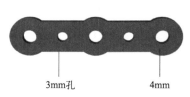
图 4.15　"探索者"零件尺寸（一）

图 4.16　"探索者"零件尺寸（二）

① 前轮转向移动机器人。图 4.17 为利用"探索者"搭建的前轮转向移动机器人，前轮为一个连杆转向结构带动 2 个随动轮控制转向，后轮为 1 个电机通过轮系和轴传动实现机器人驱动。在运动功能上，它可以通过后轮进行驱动，通过前轮控制方向，前轮转向结构和汽车类似，可以实现前进、后退、大半径转向等基本行驶功能，但不能实现原地转向。

② 悬挂系统全地形机器人。悬挂系统是汽车的车架与车桥或车轮之间一切传力连接装置的总称，其作用是传递作用在车轮和车架之间的力和扭矩，缓冲由不平路面传给车架或车身的冲击力，并衰减由此引起的振动，以保证移动机器人能平稳行驶。

图 4.18 是利用连杆组设计的底盘悬挂方案，前轮、后轮均安装在四边形连杆组上，中间车架也是一个四边形连杆组，从而构成了一个空间连杆组。遇到普通障碍时，连杆组发生平行形变，从而保证至少 3 个车轮不会脱离地面。

图 4.17　前轮转向移动机器人示意　　　图 4.18　基于连杆组的悬挂底盘示意

早在 20 世纪 70 年代，苏联向月球发射的无人驾驶月球车 1 号就应用了此类悬挂结构，因为月球的路况非常复杂，其表面崎岖不平，有石块、陨石坑等，机器人移动须满足前进、后退、转弯、爬坡、强抓地力、防滑等要求。图 4.19 为用"探索者"平台搭建的一种月球车悬挂系统底盘案例。

图 4.19　月球车悬挂系统底盘示意

③ 履带机器人。履带轮可以简单理解为柔性链轮，因为它所具备的柔性，所以对于有凸起的地面比较容易通过。此外，履带机器人的尺寸较大，所以对于有凹坑的地面，履带机器人也能非常快速地越过。

图 4.20 为两款履带结构机器人。其中，图(a)中负角度倾斜的三角形履带结构设计，可以提高机器人的越障性能；图(b)中近似正三角形的履带结构设

计，使得车体在遇障碍发生翻滚的情况下，依然可以行驶。

(a) 负角度倾斜设计　　　　　　　(b) 正三角设计

图 4.20　履带机器人示意

④ "探索者"移动机器人。移动机器人需要执行移动、抓取或搬运任务，通常需要配置一个操作机械臂。在移动机器人上安装的操作机械臂包含串联关节六轴机械臂、平面关节 SCARA 机械臂、直角坐标机械臂、连杆码垛机械臂等，如图 4.21 所示。

(a) "探索者"平台串联关节六轴机械臂　　(b) "探索者"平台平面关节SCARA机械臂

(c) "探索者"平台直角坐标机械臂　　　(d) "探索者"平台连杆码垛机械臂

图 4.21　"探索者"移动机器人操作机械臂示意

- 串联关节六轴机械臂具备 6 个自由度，末端可以到达运动范围内任意坐标位置，灵活度高，结构主要由 6 个摆动模块组成。
- 平面关节 SCARA 机械臂具备 4 个自由度，运动空间为一个可变半径的圆柱面，运动速度快，相较其他机械臂成本较低，结构主要由1个直线模块和3个摆动关节模块组成。

• 直角坐标机械臂具备3个自由度，运动空间为一个立方体，运动精度高，结构简单，结构主要由3个直线模块组成。

• 连杆码垛机械臂可根据工作需要设计为3、4、6自由度，控制大臂和小臂的电机一般会后置到底座，降低其末端的重量，增加负载性能，结构主要由摆动模块组成，大臂和小臂位置会有一个类似五连杆的结构。

4.3 "训练师"全向移动机器人设计

4.3.1 "训练师"全向移动机器人结构设计和分析

利用"训练师"平台设计的典型全向移动机器人有3种，分别为四麦克纳姆轮全向移动机器人、四福来轮全向移动机器人和双驱六轮差速全向移动机器人。其中，"训练师"麦克纳姆轮全向移动机器人为第5~7章实践案例的主要实践载体。

(1) 四麦克纳姆轮全向移动机器人

"训练师"四麦克纳姆轮移动机器人结构包括4个麦克纳姆轮模块、1个悬挂模块和1个车架模块，如图4.22所示。4个麦克纳姆轮模块分布在车架四角，考虑减振功能，在每个麦克纳姆轮模块和车架模块之间增加了悬挂模块。

图4.22 四麦克纳姆轮移动机器人示意

考虑到产品的完整性，也可增加外观模块，如图4.23所示。

将"训练师"创新设计平台四麦克纳姆轮底盘拆开来看，具体组成如图4.24所示。

第 4 章 模块化机器人构型

图 4.23 四麦克纳姆轮全向移动机器人外观模型

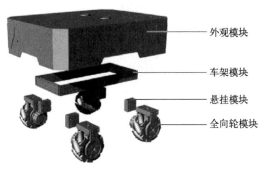

图 4.24 四麦克纳姆轮全向移动机器人拆解

（2）四福来轮全向移动机器人

"训练师"四福来轮全向移动机器人结构包括 4 个驱动福来轮模块、1 个悬挂模块和 1 个车架模块，如图 4.25 所示。四福来轮分布呈矩形，运动形式与 4.2.1 节中"探索者"福来轮全向移动机器人类似，考虑减振功能，在每个福来轮模块和车架模块之间增加了悬挂模块。

（3）双驱六轮全向移动机器人

双驱六轮全向移动机器人结构主要包括 4 个随动万向轮模块、2 个橡胶轮模块、6 个悬挂模块和 1 个车架，如图 4.26 所示。中间位置为 2 个驱动橡胶轮模块，前后 4 个为随动万向轮模块，具备原地转向运动特性，增加悬挂模块具有避振功能，能够更好地适应轻微不平的地面情况。

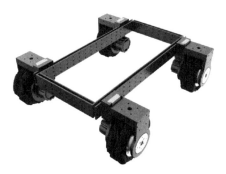

图 4.25 四福来轮全向移动机器人示意

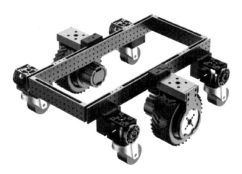

图 4.26 双驱六轮全向移动机器人示意

(4) 四驱差速移动机器人

四驱差速移动机器人结构主要包括 4 个橡胶轮模块、4 个一体化关节电机和 4 个悬挂模块,如图 4.27 所示。转向通过左右两侧电机差速控制,旋转中心点不在底盘中心。增加悬挂模块使车体能够更好地适应轻微不平的地面情况,越障能力较双轮差速底盘大幅提高。

图 4.27 四驱差速移动机器人示意

4.3.2 "训练师"全向移动机器人扩展设计

(1) 硬件及电子模块安装

"训练师"创新设计平台使用的控制器是基于工控设计的,如图 4.28 所示。

图 4.28 "训练师"创新设计平台控制器

该控制器可以理解为一台小型电脑,内置 Ubuntu 系统,预装 ROS 系统,安装了 Vstudio、Jupter 等 IDE 环境,可以直接使用 Python 或者 C 语言编写程序进行项目开发。在机器人导航项目开发中,控制器主要进行机器人运动规划、传感器数据处理等,硬件连接通过 USB 转 CAN 总线与机器人各个驱动模块进行通信。具体参数见表 4.2。

表 4.2 "训练师"创新设计平台控制器参数

参数项	参数
CPU	采用 i5,双线 4 核,主频 2.3GHz,睿频 2.8GHz
功耗	10~15W
内存	8G
存储	128 固态硬盘

续表

参数项	参数
操作系统	Ubuntu 系统,预装 ROS 系统
通信接口	UART、WLAN
外部接口	千兆网口×2,USB×6,COM×2,HDMI×2,音频×1,DC 电源输入×1

"训练师"电子部件主要基于外观模块顶板进行安装,图 4.29 为"训练师"全向移动机器人电子模块配置及组装示意图,包括控制器、激光雷达、急停开关的安装。"训练师"全向移动机器人选择思岚 RPLIDAR A1 激光雷达,控制器基于工控机设计,急停开关用于应对突发机器人失控情况设计。

图 4.29 "训练师"全向移动机器人电子模块配置及组装示意图

电池位于机器人尾部,安装在机器人内部,如图 4.30 所示。

图 4.30 "训练师"全向移动机器人电池安装示意

深度相机安装如图 4.31 所示,深度相机选择奥比中光 Astra Pro 型号,安装在机器人前方。深度相机有一个自己的安装孔位,与"训练师"安装孔位不对应,可以采用"探索者"零件做一个转接,如图 4.32 所示。

(2)"训练师"机器人结构扩展设计

正如 4.1.2 节介绍的,"训练师"创新设计平台是一个功能级模块化机器人开发工具平台,可以设计并搭建出多种类型的机器人,在此对部分典型作品进行

图 4.31 "训练师"全向移动机器人深度相机安装示意

图 4.32 "训练师"全向移动机器人转接零件

介绍和分析。

1) 多自由度仿生机器人

多自由度仿生机器人是移动机器人中一个大的类别,该类机器人可以模拟动物的行进方式,运动自由度根据其驱动数量决定。相较于轮式和履带式移动机器人,仿生机器人适用的地形情况更广泛,灵活度也更高,但行进速度相对较低。

"训练师" 12 自由度仿生机器人如图 4.33 所示,包括 4 条腿,每条腿 3 个自由度,前向运动需要 2 个自由度,侧跨需要 1 个自由度,合计 4 条腿共 12 个自由度。

2) "训练师"移动机器人操作臂

"训练师"移动机器人操作臂包含串联六轴机械臂、平面关节 SCARA 机械臂、直角坐标机械臂、连杆码垛机械臂等多种形式。

图 4.33 "训练师" 12 自由度仿生机器人示意

① "训练师"串联六轴机械臂。

"训练师"串联六轴机械臂如图 4.34 所示,该机械臂可以到达空间中任意点和任意姿态。为了方便理解和组装,对六轴机械臂构型进行拆解,第一轴为底座旋转,第二、三、四轴互相反向平行,第四、五、六互相垂直,6 个自由度均为转动模块。

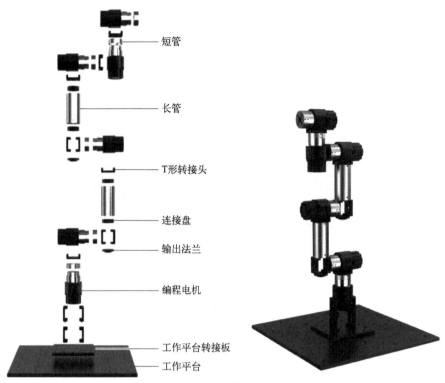

图 4.34 串联六轴机械臂示意

② "训练师" 平面关节 SCARA 机械臂。

SCARA 属于平面关节机械臂,机器人有 3 个旋转关节,其轴线相互平行,在平面内进行定位和定向。"训练师" 平面关节机械臂主要由 3 个一体化关节模块、一个直线模块、一个夹持器模块组成,如图 4.35 所示。

③ "训练师" 直角坐标机械臂。

直角坐标机械臂是指能够实现自动控制、可重复编程、多自由度、运动自由度建成空间直角关系的多用途操作机。其工作的行为方式主要是通过完成沿着 X、Y、Z 轴上的线性运动来进行的。根据自由度可分为单轴、双轴和三轴直角坐标系机械臂,每个轴互相垂直且单轴沿着直线方向运动。利用"训练师"设计的三轴直角坐标机械臂如图 4.36 所示,主要由 3 个直线模块组成。

3) "训练师" 载臂移动机器人

载臂移动机器人在工业应用场景的转运环节中应用广泛。"训练师" 载臂移动机器人主要由 2 个部分组成,1 个是串联六轴机械臂,1 个是四驱麦克纳姆轮全向移动底盘。串联 6 轴机械臂具备灵活的 6 个自由度,末端配置夹持器模块可用于抓取作业,末端也可根据具体任务更改执行器,如图 4.37 所示。

图 4.35 平面关节 SCARA 机械臂示意

图 4.36 直角坐标机械臂示意

图 4.37 载臂移动机器人示意

第5章

模块化机器人感知与运动控制

本章内容是开展 SLAM 导航综合实践必要的先学知识和基础实践，包括多个机器人感知、机器人运动控制和机器人通信的实践任务，可以帮助读者快速掌握相应的原理和方法。

5.1 机器人感知测试

机器人对环境的感知依赖于传感器，不同的场景环境，对环境的感知要求及使用的传感器均不同。本节将基于模块化机器人感知或定位需求，对相应的传感器及感知元件进行功能测试。

任务 1 环境灰度测试

按地面特定轨迹运行是机器人中成本较低的一种导航方式，但这种导航方式需要对地面进行部署，如按黑色轨迹线循迹、按地面磁条循迹等。本实验将介绍一种适用于地面黑色轨迹线循迹的灰度传感器的基本使用方法，控制器基于"探索者"Basra 主控板、BigFish 扩展板，IDE 环境基于 Arduino 1.5.2 版本，对环境进行灰度测试，并读取环境灰度测试值。主要实验内容如下。

① 了解灰度传感器的工作原理及实验用灰度传感器的使用方法和测试范围。

灰度传感器是一种光电传感器，通常由一只发光二极管和一只光敏电阻组成，并安装在同一面上。在有效的检测距离内，发光二极管发出白光照射在检测面上，检测面反射部分光线，光敏电阻检测此光线的强度并将其转换为机器人可以识别的信号。本实验用灰度传感器的有效检测距离为 0.7～3cm，当传感器检测到有深色标记（如黑线）时，将会触发传感器，使其输出口有低电平输出；当传感器检测到浅色标记（如白线）时，传感器将不会被触发，其输出口是高电平输出。

② 将灰度传感器接在 BigFish 板的 A0 接口上。

③ 编写控制程序，获取灰度传感器输出值。根据数据输出需求，可以选择不同的输出模式，如图 5.1 和图 5.2 的控制图块分别可以实现数字量和模拟量数据输出，输出效果分别如图 5.3 和图 5.4 所示。

图 5.1　打印数字量传感器输出值控制图块

图 5.2　打印模拟量传感器输出值控制图块

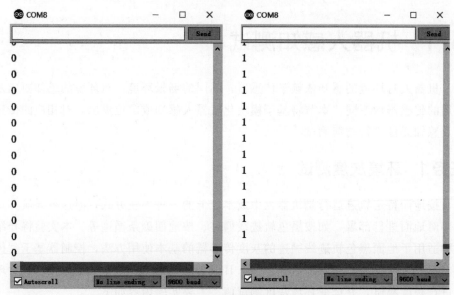

图 5.3　串口监视器数字量输出显示

任务 2　运动状态测量

惯性测量单元是一种测量物体三轴姿态角（或角速率）以及加速度的装置。一般地，一个测量单元包含 3 个单轴的加速度计和 3 个单轴的陀螺，加速度计检测物体在载体坐标系统独立三轴的加速度信号，而陀螺检测载体相对于导航坐标

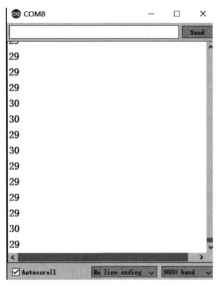

图 5.4 串口监视器模拟量输出显示

系的角速度信号，测量物体在三维空间中的角速度和加速度，并以此解算出物体的姿态，在导航中有着很重要的应用价值。本实验将使用六轴惯性测量单元，硬件基于 Basra 主控板、BigFish 扩展板，IDE 环境基于 Arduino 1.5.2 版本，实现对运动对象的运动状态的测量。主要实验内容如下。

① 了解实验用陀螺仪设备及其主要技术参数和使用方法等。

六轴惯性测量单元模块是集成了三轴陀螺仪和三轴加速度计的运动跟踪器件，可以测量物体沿 X、Y、Z 三轴的角速度和加速度，被广泛应用于无人机、平衡车、手机等设备。图 5.5 展示了本实验用的惯性测量单元模块，表 5.1 列出了各个引脚的定义。

图 5.5 惯性测量单元模块

表 5.1 惯性测量单元模块引脚说明

名称	功能
VCC	模块电源,3.3V 或 5V 输入
RX	串行数据输入,TTL 电平
TX	串行数据输出,TTL 电平
GND	地线

② 进行硬件电路连接。本陀螺仪模块提供了串口或 I^2C 两种通信模式,参考示例基于串口通信模式。

③ 编写控制程序,读取陀螺仪数据,参考示例如下:

```
unsigned char Re_buf[11],counter=0;
unsigned char sign=0;
float a[3],w[3],angle[3],T;
void setup(){
  Serial.begin(115200);
}

void loop(){
  if(sign)
  {
    sign=0;
    if(Re_buf[0]==0x55)        //检查帧头
    {
    switch(Re_buf[1])
    {
    case 0x51:
       a[0]=(short(Re_buf[3]<<8| Re_buf[2]))/32768.0*16;
       a[1]=(short(Re_buf[5]<<8| Re_buf[4]))/32768.0*16;
       a[2]=(short(Re_buf[7]<<8| Re_buf[6]))/32768.0*16;
       T=(short(Re_buf[9]<<8| Re_buf[8]))/340.0+36.25;
       break;
    case 0x52:
       w[0]=(short(Re_buf[3]<<8| Re_buf[2]))/32768.0*2000;
       w[1]=(short(Re_buf[5]<<8| Re_buf[4]))/32768.0*2000;
       w[2]=(short(Re_buf[7]<<8| Re_buf[6]))/32768.0*2000;
       T=(short(Re_buf[9]<<8| Re_buf[8]))/340.0+36.25;
```

```
                break;
        case 0x53:
            angle[0]=(short(Re_buf[3]<<8|Re_buf[2]))/32768.0*180;
            angle[1]=(short(Re_buf[5]<<8|Re_buf[4]))/32768.0*180;
            angle[2]=(short(Re_buf[7]<<8|Re_buf[6]))/32768.0*180;
            T=(short (Re_buf[9]<<8|Re_buf[8]))/340.0+36.25;
                    Serial.print("a:");
                    Serial.print(a[0]);Serial.print(" ");
                    Serial.print(a[1]);Serial.print(" ");
                    Serial.print(a[2]);Serial.print(" ");
                    Serial.print("w:");
                    Serial.print(w[0]);Serial.print(" ");
                    Serial.print(w[1]);Serial.print(" ");
                    Serial.print(a[2]);Serial.print(" ");
                    Serial.print("angle:");
                    Serial.print(angle[0]);Serial.print(" ");
                    Serial.print(angle[1]);Serial.print(" ");
                    Serial.print(angle[2]);Serial.print(" ");
                    Serial.print("T:");
                    Serial.println(T);
                    break;
        }
        }
    }
}
void serialEvent(){
    while(Serial.available()){
        //char inChar = (char)Serial.read();Serial.print(inChar);//Output
            Original Data,use this code
        Re_buf[counter]=(unsigned char)Serial.read();
        if(counter==0&&Re_buf[0]!=0x55)return;         //第 0 号数据不是帧头
        counter++;
        if(counter==11)                  //接收到 11 个数据
        {
            counter=0;
            sign=1;
        }
    }
```

}

可通过 Arduino 串口调试界面观察数据波形与传感器姿态的关系，如图 5.6 所示。

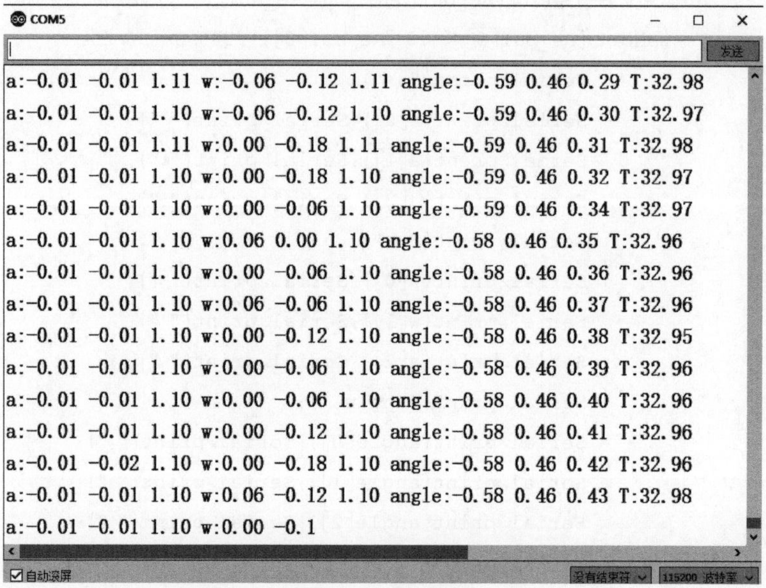

图 5.6　数据波形与传感器姿态显示

任务 3　激光雷达建图

本实验将使用一种激光雷达，分别基于 Windows 系统和 Ubuntu 系统环境，实现对雷达数据的获取和显示。主要实验内容如下。

（1）Windows 系统环境下的雷达数据获取

① 了解实验用激光雷达设备及其主要技术参数，如图 5.7 和表 5.2 所示。

图 5.7　Delta-2A 激光雷达

表 5.2 激光雷达主要技术参数

信号名	类型	描述	最小值/V	典型值/V	最大值/V
M+	电机供电	电机电源正	2.5	3.3	5
M−	电机供电	电机电源负	0	0	0
VCC	雷达供电	雷达电源正	4.8	5	5.5
GND	雷达供电	雷达电源负	0	0	0
TX	数据输出	测量数据串口输出	0	5	5.5

② 将 Delta-2A 激光雷达与电脑或设备的 USB 口连接,需使用 USB 转 UART TTL 模块。

注意:
USB-UART TTL 模块插入 PC 机前,需先安装 USB 转 UART TTL 模块驱动,否则上位机无法搜索到设备串口。

③ 进行雷达信息获取及建图。

以管理员身份运行建图软件"Delta-2A.exe"。在串口选择框中选择正确的串口。

在菜单中依次单击"Command"→"Scan"或单击工具栏中的 图标,开始接收雷达数据并建图,实现效果如图 5.8 所示。

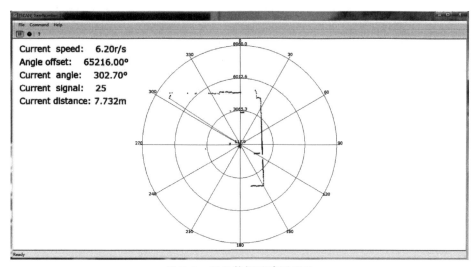

图 5.8 雷达数据及建图显示

移动鼠标到所要测量的点上,可测量当前点的距离和角度信息,并在图形显示区的左上角显示。

依次单击"Command"→"Stop"或单击工具栏中的 图标可停止接收数据。

通过官方的 SDK 可进行二次开发。

（2）Ubuntu 系统环境下的雷达数据获取

① 了解实验用激光雷达设备及其主要技术参数，如图 5.7 和表 5.2 所示。

② 获取本实验用激光雷达支持 ROS 的 SDK 包，包名为"delta_lidar.zip"，可自行在本书配套电子资源中查找并下载。

③ 新建 ROS 工作空间"lidar_test_ws"，将 SDK 包"delta_lidar.zip"解压后放到该工作空间的 src 目录下，如图 5.9 所示。

图 5.9　ROS 工作空间及 SDK 包显示

④ 编译工作空间：

```
cd lidar_test_ws
catkin_make
```

运行结果如图 5.10 所示。

```
Base path: /home/robodyno/lidar_test_ws
Source space: /home/robodyno/lidar_test_ws/src
Build space: /home/robodyno/lidar_test_ws/build
Devel space: /home/robodyno/lidar_test_ws/devel
Install space: /home/robodyno/lidar_test_ws/install
####
#### Running command: "make cmake_check_build_system" in "/home/robodyno/lidar_t
est_ws/build"
####
####
#### Running command: "make -j12 -l12" in "/home/robodyno/lidar_test_ws/build"
####
[ 14%] Built target delta_lidar_node_client
[100%] Built target delta_lidar_node
```

图 5.10　空间编译结果显示

⑤ 配置环境变量：

```
source devel/setup.bash
```

⑥ 查看雷达点云数据：

```
roslaunch delta_lidar view_delta_lidar.launch
```

运行结果如图 5.11 所示，图中黑色点为激光雷达扫描出来的周围遮挡物点云。

第 5 章 模块化机器人感知与运动控制

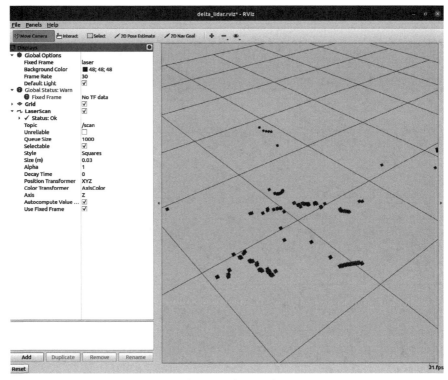

图 5.11 点云显示

任务 4 摄像头数据获取

本实验将使用一种深度相机，通过 OpenCV 实现对摄像头采集图像的显示和处理。主要实验内容如下。

> **注意：**
> 需提前配置好 Python 和 OpenCV，安装 Jupyter。

① 了解实验用深度相机及其主要技术参数，如图 5.12 和表 5.3 所示。

图 5.12 深度相机

081

表 5.3　深度相机主要技术参数

内容	参数
RGB 像素	1080P
深度分辨率	640×480/320×240
深度最大帧率	30fps
视频分辨率	1280×720
视频最大帧率	30fps
麦克风	双立体麦克风
视场角	H 58.4°×V 45.7°
精度	1m±3mm
工作范围	0.6～8m
功耗	<2.5W
工作温度	10～40℃

本实验用深度相机是基于奥比中光 Astra Pro 方案的相机，具备 1080P RGB 普通相机功能和基于结构光原理的深度相机功能，且具有双立体声麦克风；配备高端 ISP 芯片，可根据环境光自动调节快门优化图像，是实现机器人视觉的常用设备。

② 通过 USB 口连接深度相机和电脑。

③ 打开 Jupyter，运行程序文件：摄像头.ipynb 程序文件，具体操作如图 5.13 所示。

图 5.13　摄像头.ipynb 文件

程序正常运行后，实时图像即在程序下方显示，如图 5.14 所示。注意：程序运行过程中不要终止或切换程序。

图 5.14　相机图像显示

④ 摄像头测试完成后，单击程序下方"停止"按钮，可终止实时图像显示并关闭摄像头。

摄像头.ipynb 文件完整程序如下：

```
import cv2
import ipywidgets as widgets
from IPython.display import display
import asyncio

button=widgets.Button(
    description='停止',
    button_style='danger',
)
image=widgets.Image()
display(button,image)
# Jupyter 图像显示
def imshow(img):
    _,jpeg=cv2.imencode('.jpeg',img)
    image.value=jpeg.tobytes()
video=cv2.VideoCapture(0)
async def display_image():
    try:
        while True:
            ret,img=video.read()
            if not ret:
```

```
            break
        imshow(img)
        await asyncio.sleep(0.1)
    except asyncio.CancelledError:
        pass
    finally:
        video.release()

task=asyncio.ensure_future(display_image())
def on_btn_clicked(b):
    task.cancel()
button.on_click(on_btn_clicked)
```

OpenCV 提供了从视频文件或摄像机中捕获视频的 VideoCapture 类。VideoCapture 类提供了构造方法 VideoCapture（），用于完成摄像头初始化工作。VideoCapture 的语法格式如下：

函数： Capture=cv2.VideoCapture（index）

参数说明： Capture：要打开的摄像头

index：摄像头的设备索引

需要注意的是，摄像头的数量及其设备索引的先后顺序由操作系统决定，且 OpenCV 没有提供查询摄像头的数量及其设备索引的任何方法。其中：

① 当 index 的值为 0 时，表示要打开的是第 1 个摄像头；对于 64 位的 Windows 10 笔记本，当 index 的值为 0 时，表示要打开的是笔记本内置摄像头。关键代码如下：

```
Capture=cv2.VideoCapture(0)
```

② 当 index 的值为 1 时，表示要打开的是第 2 个摄像头；对于 64 位的 Windows 10 笔记本，当 index 的值为 1 时，表示要打开的是一个连接笔记本的外置摄像头。关键代码如下：

```
Capture=cv2.VideoCapture(1)
```

5.2　电机驱动控制

舵机（Servo）是机器人系统中常见的执行机构，广泛应用于各种机器人、相机云台及低成本机械臂中。电机是构成机器人轮式底盘的主要执行机构。本节将对常用的舵机及电机进行驱动控制测试。

任务1 直流电机驱动控制

本实验将使用一种带编码器的直流电机,基于 Basra 主控板、BigFish 扩展板及 Arduino 1.5.2 版本,实现对电机运动状态的控制。主要实验内容如下。

① 了解并熟悉实验设备及其主要技术参数。电机接口定义及其主要技术参数如图 5.15 和表 5.4 所示。

 电机线+
编码器 GND
编码器 A 相
编码器 B 相
编码器 5V
电机线-

输出波形

图 5.15 电机及其接口说明

表 5.4 电机主要技术参数

内容	参数
供电电压	12V
减速比	1∶18.75
额定功率	5W
编码器分辨率	每圈 900 脉冲

② 进行硬件电路连接。本实验使用"探索者"平台基于 Arduino Mega2560 设计的控制板,电机与控制板接口对应关系如表 5.5 所示。

表 5.5 电机与控制板接口对应关系

电机接口	控制板接口
+	D9
GND	GND
A 相	A0
B 相	A1
编码器 5V	5V
—	D8

③ 通过 PWM 方式对电机进行开环控制。

电机简单的转和停可以直接通过数字量控制,使用 digitalWrite(a,b) 即可。其中,a 表示电机的接口引脚,b 为控制转动的电平值,参数为 LOW 和 HIGH,LOW 表示停止,HIGH 表示转动。电机简单驱动需要用 2 个引脚,如果需要电机反向转,只需将 2 个引脚的参数相反即可。定义正转为 digitalWrite (5,LOW),digitalWrite (6,HIGH);则反转为 digitalWrite (5,HIGH),digitalWrite (6,LOW);停止为两个引脚电平一致,即 digitalWrite (5,LOW),digitalWrite (6,LOW)。

电机的简单调试使用另一个模拟量控制函数 analogWrite (a,b),其中,b 参数的值与数字量控制不同,范围为 0~255,数值大小表示转动速度大小。

> **注意:**
> 不论在数字量控制还是模拟量控制的情况下,电机转动的必要条件为其中一个引脚必须置低电平,即 digitalWrite (a,LOW) 或 analogWrite (a,0)。

完整程序如下:

```
int motor_pin_pwm[2]={9,8};

void setup(){
  //put your setup code here,to run once:
  delay(1000);Serial.begin(115200);
  pinMode(motor_pin_pwm[0],OUTPUT);
  pinMode(motor_pin_pwm[1],OUTPUT);

  //第一种方式:高低电平驱动直流电机
  Motor_Go();delay(2000);//正转 2s
  Motor_Back();delay(2000);//反转 2s
  Motor_Stop();delay(2000);//停止 2s


  //第二种方式:模拟量驱动直流电机 PWM(范围:0~255)
  Motor_Go_analog();delay(2000);//(pwm 参数为 150)正转 2s
  Motor_Back_analog();delay(2000);//(pwm 参数为 150)反转 2s
  Motor_Stop_analog();delay(2000);//停止 2s
}

void loop(){
  //put your main code here,to run repeatedly:


}

//第一种方式:高低电平驱动直流电机
```

```
void Motor_Go()//正转
{
  digitalWrite(motor_pin_pwm[0],HIGH);
  digitalWrite(motor_pin_pwm[1],LOW);
}

void Motor_Back()//反转
{
  digitalWrite(motor_pin_pwm[0],LOW);
  digitalWrite(motor_pin_pwm[1],HIGH);
}

void Motor_Stop()//停止
{
  digitalWrite(motor_pin_pwm[0],LOW);
  digitalWrite(motor_pin_pwm[1],LOW);
}

//第二种方式:模拟量驱动直流电机(范围:0~255)
void Motor_Go_analog()//正转(pwm的参数为150)
{
  analogWrite(motor_pin_pwm[0],150);
  analogWrite(motor_pin_pwm[1],0);
}

void Motor_Back_analog()//反转(pwm的参数为150)
{
  analogWrite(motor_pin_pwm[0],0);
  analogWrite(motor_pin_pwm[1],150);
}

void Motor_Stop_analog()//停止
{
  analogWrite(motor_pin_pwm[0],0);
  analogWrite(motor_pin_pwm[1],0);
}
```

④ 通过 PID 对电机进行闭环控制。

PID 控制因其结构简单、稳定性好、工作可靠、调整方便,是工业控制的主要技术之一。PID 控制器由比例单元（P）、积分单元（I）和微分单元（D）组成。其输入 $e(t)$ 与输出 $u(t)$ 的关系为

$$u(t)=K_{\mathrm{p}}\left[e(t)+\frac{1}{T_{\mathrm{I}}}\int e(t)\mathrm{d}t+T_{\mathrm{D}}\frac{\mathrm{d}e(t)}{\mathrm{d}t}\right] \quad (5\text{-}1)$$

式中，K_{p} 为比例系数；T_{I} 为积分时间常数；T_{D} 为微分时间常数。式中积分的上下限分别是 0 和 t。

通过调整 K_{p}、T_{I} 和 T_{D} 即可实现 PID 控制，一般通过调节 K_{p} 和 T_{I}（PI 控制）或者 K_{p}、T_{D}（PD 控制）即可满足调节需求。

下面介绍一个 PI 控制实例。为了优化程序结构，程序被分成 3 个部分，分别是主程序 PI 控制程序、电机引脚设置和电机驱动程序和 PI 数学计算程序。

主程序 PI 控制程序如下：

```
#include <DueTimer.h>
#define Sampling_period_back 50000  //采样周期 50 单位:μs
float target_vel=0.5;              //目标速度

void print_encoder_count()
{
  Meter_per_second();
}

void setup(){
  // put your setup code here,to run once:
  delay(2000);Serial.begin(115200);
  Motor_Pin_Init();                //电机引脚初始化
  SerialPrint_Microsecond_Test();
  Timer5.attachInterrupt(print_encoder_count).start(Sampling_period_
  back);                           // Every 50ms
  Motor_Interrupt_Start();
}

void loop(){
  // put your main code here,to run repeatedly:
  target_vel=0.5;
}
```

电机驱动程序如下：

```
#define Circle_PI 3.14159265
```

```
#define PPR 13.0                          //电机线圈数
#define Reduction_ratio30.0               //电机减速比
#define Motor_PWM_Pin 2
#define Motor_Encoder_Pin 2
#define Sampling_period 50000             //采样周期 50 单位:μs
#define D_wheel 0.058
/////////驱动引脚////
#define IN1_1 9  //电机 1
#define IN2_1 8
/////////编码器引脚/////////
#define ENCODER_A_1 A0                    //电机 1
#define ENCODER_B_1 A1
volatile float Position_1=0;
volatile int Motor_pwm_1=30;
const float C_wheel=D_wheel * Circle_PI;//0.1822123739
float Microsecond_to_second=float(Sampling_period)/ 1000 / 1000;
int motor_pin_pwm[Motor_PWM_Pin]={IN1_1,IN2_1};
int motor_pin_encoder[Motor_Encoder_Pin]={ENCODER_A_1,ENCODER_B_1};
float current_vel_1=0;
const float Cycle_Pulse=PPR * 2 * 2;
const float Parameter_rad=Reduction_ratio * Microsecond_to_second * Cycle_Pulse;
float kp_rad_vel=140;
float ki_rad_vel=30;
void SerialPrint_Microsecond_Test()
{
   Serial.print("Microsecond_to_second:");Serial.println(Microsecond_to_second,4);
   Serial.print("us_to_s:");Serial.println(Parameter_rad,4);
}
void Motor_Pin_Init()                     //电机引脚初始化
{
for(int i=0;i<Motor_PWM_Pin;i++){
    pinMode(motor_pin_pwm[i],OUTPUT);
    pinMode(motor_pin_encoder[i],INPUT);
    delay(20);
    digitalWrite(motor_pin_pwm[i],LOW);
    delay(50);
```

```
  }
}
void Motor_Interrupt_Start()
{
  attachInterrupt(motor_pin_encoder[0],READ_ENCODER_A_1,CHANGE);
  //开启外部中断
  attachInterrupt(motor_pin_encoder[1],READ_ENCODER_B_1,CHANGE);
  //开启外部中断
}
void Meter_per_second()
{
  Serial.print("1:");Serial.print(Position_1);Serial.print(" ");

  current_vel_1=(float)((Position_1)/Cycle_Pulse)/ Reduction_ratio /0.05;
  //current_vel_2=(float)(abs(Position_2)/Cycle_Pulse)/ Reduction_ratio /0.05;

  Serial.print("vel:");Serial.print(current_vel_1);Serial.print(" ");

  Incremental_PI_vel_1(current_vel_1,target_vel);

  Serial.print("tar_vel:");Serial.print(target_vel,4);Serial.println(" ");
  //Serial.print("1:");Serial.println(Motor_pwm_1);

  Motor_Pwm_Set(Motor_pwm_1);

  Position_1=0;

}
```

PI 计算程序如下：

```
/*    *************************************************************************
函数功能:外部中断读取编码器数据,具有4倍频功能 注意外部中断是跳变沿触发
入口参数:无
返 回  值:无
************************************************************************* /
void READ_ENCODER_A_1(){
    if(digitalRead(motor_pin_encoder[0])==HIGH){
    if(digitalRead(motor_pin_encoder[1])==LOW)     Position_1++;
```

```
      //根据另外一相电平判定方向
      else     Position_1--;
   }
   else {
     if(digitalRead(motor_pin_encoder[1])==LOW)      Position_1--;
     //根据另外一相电平判定方向
     else     Position_1++;
   }
}


/******************************************************************************
函数功能:外部中断读取编码器数据,具有 4 倍频功能 注意外部中断是跳变沿触发
入口参数:无
返回    值:无
****************************************************************************** /
void READ_ENCODER_B_1(){
   if(digitalRead(motor_pin_encoder[0])==LOW){ //如果是下降沿触发的中断
     if(digitalRead(motor_pin_encoder[1])==LOW)      Position_1++;
     //根据另外一相电平判定方向
     else     Position_1--;
   }
   else {   //如果是上升沿触发的中断
     if(digitalRead(motor_pin_encoder[1])==LOW)      Position_1--;
     //根据另外一相电平判定方向
     else     Position_1++;
   }
}


////////////////////////////////////////////////////////////////////////////////////////////////////////
void Incremental_PI_vel_1(float current_speed,float target_speed)
// 速度调试的 p、i 参数
{
   static float bias,last_bias;
   bias=target_speed-current_speed;//计算本次偏差 e(k)
   Motor_pwm_1+=(kp_rad_vel*(bias-last_bias)+ki_rad_vel*bias);
   last_bias=bias;                     //保存上一次偏差
   //Serial.print("pwm:");Serial.print(Motor_pwm_1);Serial.print(" ");
```

```
    if(Motor_pwm_1<=-250){
      Motor_pwm_1=-250;
    }
    if(Motor_pwm_1>=250){
      Motor_pwm_1=250;
    }
  }

  void Motor_Pwm_Set(int _l_f_pwm)
  {
    if(_l_f_pwm > 0)
    {
      analogWrite(motor_pin_pwm[0],_l_f_pwm);
      analogWrite(motor_pin_pwm[1],0);
    }
    else if(_l_f_pwm < 0)
    {
      analogWrite(motor_pin_pwm[1],-_l_f_pwm);
      analogWrite(motor_pin_pwm[0],0);
    }
    else{
      analogWrite(motor_pin_pwm[0],0);
      analogWrite(motor_pin_pwm[1],0);
    }
  }
```

任务 2　舵机驱动控制

图 5.16　6-42A 舵机

本实验将使用一种伺服舵机，基于 Basra 主控板、BigFish 扩展板及 Arduino 1.5.2 版本，实现对舵机运动状态的控制。主要实验内容如下。

① 了解并熟悉实验设备及其主要技术参数。6-42A 舵机为 180°舵机，如图 5.16 所示，主要用于制作摆动机构，如关节模块等，主要技术参数见表 5.6。

表 5.6　舵机主要技术参数

名称	速度/(s/°)	扭力/(kg·cm)	转动角度/(°)	额定电压/V
6-42A 舵机	0.13/60	4.2	±90	6

② 进行硬件电路连接。
③ 编写舵机控制程序。

舵机控制图块如图 5.17 所示，第一个参数为插接在主控板上输出端口的序号或针脚号；第二个参数用于定义舵机的位置，参数范围在 0～180，对应 6-42A 舵机 0°～180°的可转动角度，6-42A 舵机的默认角度（复位角度）为 90°，若使用 120°、270°或其他角度的舵机，该对应关系也随之改变。

图 5.17　舵机控制图块

任务 3　步进电机驱动控制

本实验将使用一种 42 步进电机（图 5.18），控制器基于"探索者"Arduino Mega2560 主控板和扩展板，IDE 环境基于 Arduino1.5.2 版本，实现对步进电机运动状态的控制。主要实验内容如下。

图 5.18　42 步进电机

① 了解并熟悉实验设备及其主要技术参数。本实验用步进电机为标准的 42 步进电机，主要技术参数如表 5.7 所示。

表 5.7　42 步进电机主要技术参数

名称	步距角/(°)	转动扭矩/(N·m)	工作电压/V
步进电机	1.8	0.45	12

② 参照图 5.19 进行硬件电路连接。当前驱动板上有 4 组电机接口，分别标注为 X 轴、Y 轴、Z 轴和 A 轴，可以同时控制 4 组电机运动。本实验中电机接 X 轴接口。

③ 编写步进电机控制程序。

首先，在主程序中通过函数 initMotor() 进行电机初始化设置，然后，调用函数 move() 实现对步进电机的控制。主程序如下：

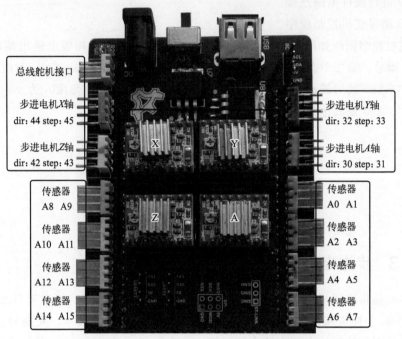

图 5.19 步进电机与驱动板连接示意

```
/*
实现效果:X 轴电机转动 10 圈后,停止 1s,再反向转动 10 圈,停止 1s
*/
#define V_MAX 3200        //设置步进电机速度

void setup(){
  initMotor();            //初始化步进电机
}

void loop(){
  move(10,0,0,0);         //move(X 轴圈数,Y 轴圈数,Z 轴圈数,A 轴圈数),当前语句
                            为 X 轴电机转 10 圈
  delay(1000);            //延迟 1s
  move(-10,0,0,0);
  delay(1000);
}
```

电机初始化程序段如下:

```
void initMotor(){
  pinMode(EN,OUTPUT);              //将使能引脚设置为输出模式
```

```
digitalWrite(EN,LOW);              //拉低步进电机扩展板使能引脚(这里可以理
                                   解为:让步进电机扩展板开始工作)
steppers.addStepper(stepper_x);    //将X轴步进电机添加到步进电机组中(这里
                                   可以理解为:将单个步进电机添加到步进电
                                   机组中)
steppers.addStepper(stepper_y);
steppers.addStepper(stepper_z);
steppers.addStepper(stepper_a);
stepperSet(V_MAX);                 //设置步进电机速度
}
```

move()函数段如下:

```
void move(double x,double y,double z,double a){
  double step_x,step_y,step_z,step_a;
  x *= TOTAL_STEP;        //得到X轴步进电机要转动的总步数
  y *= TOTAL_STEP;        //得到X轴步进电机要转动的总步数
  z *= TOTAL_STEP;        //得到X轴步进电机要转动的总步数
  a *= TOTAL_STEP;        //得到X轴步进电机要转动的总步数
  step_x=-x;              //这里的-x前的负号表示方向,如果没有负号,表示正
                          转,如果有负号,表示反转
  step_y=-y;
  step_z=-z;
  step_a=-a;
  stepperMove(step_x,step_y,step_z,step_a);  //步进电机要转动 step_x/
                                              3200圈
}
```

任务4 智能一体化电机驱动控制

本实验使用"训练师"Robodyno Pro 电机及 Jupyter,通过 Python 实现不同模式下的电机运动控制。主要实验内容如下。

① 了解并熟悉实验设备及其主要技术参数。

"训练师"Robodyno Pro 电机是一个一体化驱动单元,完整的转动模块包含3个部分:减速器、电机、伺服驱动,具体结构及技术参数见4.3节。

② 参照图5.20进行硬件电路连接。

③ 编写电机控制程序。

一体化电机驱动控制程序主要由调用库文件(安装库文件)、设置电机参数、设置电机模式、给定运动状态(位置、速度)、运动完成后失能等部分组成。具

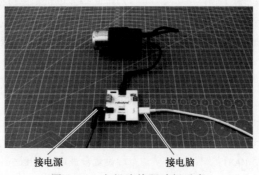

接电源　　　　　　　接电脑

图 5.20　电机连接驱动板示意

体的，对电机位置的控制可通过不同模式实现，表 5.8 列出了直接位置模式、滤波位置模式和轨迹位置模式三种模式，并展示了各个模式的控制信号波形、控制方式、特点和适用场景。

表 5.8　电机位置控制模式

控制模式	直接位置模式	滤波位置模式	轨迹位置模式
信号波形			
控制方式	电机从一个位置直接转动到一个或多个指定位置	电机从一个位置平滑地转动到一个或多个指定位置	电机从一个位置平滑地转动到一个指定位置，只对最终指定位置发生响应
特点及适用场景	对实时位置命令响应迅速，但急起急停，位置命令频率高时容易抖动	电机的运动曲线经过滤波处理，有一个加速和减速的过程。在该模式下，对实时位置命令响应较快，但运动姿态平顺，位置命令频率高时表现优异	电机有一个均匀加速的过程和一个均匀减速的过程。无法快速响应实时位置命令，但运动非常平顺，且轨迹的运动时间非常稳定，位置命令频率低时较为常用

① 直接位置模式。在该模式下，电机从一个位置直接转动到一个或多个指定位置。Python 程序如下：

```
# 初始化电机
from protobot.can_bus import Robot
from protobot.can_bus.nodes import MotorFactory
robot = Robot()
motor_id = 0x14
reduction = 12.45
```

```python
motor=robot.add_device('motor0',MotorFactory(),motor_id,reduction=
reduction)
#使能
motor.enable()
#设置电机为匀加减速控制模式
motor.position_mode()
#设置电机转动到3.14
motor.set_pos(3.14)
```

② 滤波位置模式。在该模式下,电机的运动过程为缓慢不断逼近目标位置,到达目标位置后停止。控制电机在两个角度之间转动的 Python 程序如下:

```python
#初始化电机
from protobot.can_bus import Robot
from protobot.can_bus.nodes import MotorFactory
robot=Robot()
motor_id=0x14
reduction=12.45
motor=robot.add_device('motor0',MotorFactory(),motor_id,reduction=
reduction)
#使能
motor.enable()
#设置电机为匀加减速控制模式
motor.position_filter_mode(4)
#设置电机转动到3.14
motor.set_pos(3.14)
```

③ 轨迹位置模式。在该模式下,电机的运动过程为先匀加速运动,再匀速运动,最后匀减速运动,直到速度为 0 时恰好到达指定位置。控制电机在两个角度之间转动的 Python 程序如下:

```python
#初始化电机
from protobot.can_bus import Robot
from protobot.can_bus.nodes import MotorFactory
robot=Robot()
motor_id=0x14
reduction=12.45
motor=robot.add_device('motor0',MotorFactory(),motor_id,reduction=
reduction)
#使能
motor.enable()
```

```
# 设置电机为匀加减速控制模式
motor.position_traj_mode(2,0.5,0.5)
# 设置电机转动到 3.14
motor.set_pos(3.14)
```

一体化电机模块设立了 38 个 API 接口,可用 Python 直接调用,控制方式如下。

① 初始化电机对象:

程序	from robodyno.components import Motor from robodyno.interfaces import CanBus can=CanBus() motor=Motor(can,0x10,'ROBODYNO_PRO_44') Motor(iface,id,type)
参数说明	-iface:robodyno 接口对象 -id:电机 ID(范围从 0x01 到 0x3F) -type:电机的类型

② 读取电机类型:

API 接口	type
返回值说明	-电机类型
返回值示例	-ROBODYNO_PRO_44 -ROBODYNO_PRO_12 -ROBODYNO_PRO_50 -ROBODYNO_PRO_100

③ 读取电机减速比:

API 接口	reduction
返回值说明	-电机减速比

④ 读取电机状态:

API 接口	state
返回值说明	-电机状态(1-空闲,8-使能)

⑤ 读取电机错误:

API 接口	error
返回值说明	-电机错误 dict -error:错误码(1-电压不足,14-急停) -motor_err:电机相关错误码 -encoder_err:编码器相关错误码 -controller_err:控制器相关错误码

⑥ 读取电机模式：

API 接口	mode
返回值说明	-电机模式 -POSITION_MODE：直接位置模式 -POSITION_FILTER_MODE：滤波位置模式 -POSITION_TRACK_MODE：轨迹位置模式 -VELOCITY_MODE：直接速度模式 -VELOCITY_RAMP_MODE：匀加减速速度模式 -TORQUE_MODE：力矩控制模式

⑦ 读取电机版本：

API 接口	get_version(timeout=0)
返回值说明	-timeout：请求超时时间(s)，0 代表无超时时间 -API 版本 dict -main_version：主版本号 -sub_version：副版本号 -type：电机类型

⑧ 电机软急停：

API 接口	estop()
使用说明	急停后需要重启电机

⑨ 电机重启：

API 接口	reboot()
使用说明	使用后电机重启

⑩ 清除错误：

API 接口	clear_errors()

⑪ 保存设置：

API 接口	save_configuration()
使用说明	设置参数后默认不会保存，直到调用此函数

⑫ 设置电机 CAN_ID：

API 接口	config_can_bus(new_id,heartbeat=1)
参数说明	-new_id：电机新 CAN_ID(0x01～0x3F) -heartbeat：心跳包发送周期(s)

⑬ 电机使能：

API 接口	enable()

⑭ 电机失能：

API 接口	disable()

⑮ 电机校准：

API 接口	calibrate()
使用说明	校准后需保存参数

⑯ 读取总线电压：

API 接口	get_voltage(timeout=0)
参数说明	-timeout：请求超时时间(s)，0 代表无超时时间
返回值说明	-总线电压值(V)，超时则不返回

⑰ 读取电机温度：

API 接口	get_temperature(timeout=0)
参数说明	-timeout：请求超时时间(s)，0 代表无超时时间
返回值说明	-电机温度(℃)，超时则不返回

⑱ 读取电机状态参数：

API 接口	get_feedback(timeout=0)
参数说明	-timeout：请求超时时间(s)，0 代表无超时时间
返回值说明	-电机状态参数(位置 rad，速度 rad/s，力矩 N·m)，超时则不返回

⑲ 读取电机位置：

API 接口	get_pos(timeout=0)
参数说明	-timeout：请求超时时间(s)，0 代表无超时时间
返回值说明	-位置(rad)，超时则不返回

⑳ 读取电机速度：

API 接口	get_vel(timeout=0)
参数说明	-timeout：请求超时时间(s)，0 代表无超时时间
返回值说明	-速度(rad/s)，超时则不返回

㉑ 读取电机力矩：

API 接口	get_vel(timeout=0)
参数说明	-timeout：请求超时时间(s)，0 代表无超时时间
返回值说明	-力矩(N·m)，超时则不返回

㉒ 读取电机控制模式：

API 接口	get_mode(timeout=0)
参数说明	-timeout：请求超时时间(s)，0 代表无超时时间
返回值说明	-电机模式 -POSITION_MODE：直接位置模式 -POSITION_FILTER_MODE：滤波位置模式 -POSITION_TRACK_MODE：轨迹位置模式 -VELOCITY_MODE：直接速度模式 -VELOCITY_RAMP_MODE：匀加减速速度模式 -TORQUE_MODE：力矩控制模式

㉓ 进入直接位置模式：

API 接口	position_mode()
使用说明	直接 PID 控制位置

㉔ 进入滤波位置模式：

API 接口	position_filter_mode(bandwidth)
使用说明	-bandwidth：滤波带宽/控制频率(Hz)

㉕ 进入轨迹位置模式：

API 接口	position_track_mode(vel,acc,dec)
参数说明	-vel：运动最高速度(rad/s) -acc：运动加速度(rad/s^2) -dec：运动减速度(rad/s^2)

㉖ 进入直接速度模式：

API 接口	velocity_mode()
使用说明	速度 PID 控制

㉗ 进入匀加减速速度模式：

API 接口	velocity_ramp_mode(ramp)
参数说明	-ramp：加速度(rad/s^2)

㉘ 进入力矩控制模式：

API 接口	torque_mode()

㉙ 读取电机 PID 参数：

API 接口	get_pid(timeout=0)
参数说明	-timeout：请求超时时间(s)，0 代表无超时时间
返回值说明	-电机 PID -pos_kp：位置环 P -vel_kp：速度环 P -vel_ki：速度环 I

㉚ 设置电机 PID 参数：

API 接口	set_pid(pos_kp,vel_kp,vel_ki)
参数说明	-pos_kp：位置环比例系数 -vel_kp：速度环比例系数 -vel_ki：速度环积分系数

㉛ 读取电机速度限制：

API 接口	get_vel_limit(timeout=0)
参数说明	-timeout：请求超时时间(s)，0 代表无超时时间
返回值说明	-输出端最大速度(rad/s)，超时则不返回

㉜ 读取电机电流限制：

API 接口	get_current_limit(timeout=0)
参数说明	-timeout：请求超时时间(s)，0 代表无超时时间
返回值说明	-最大电流(A)，超时则不返回

㉝ 设置电机速度限制：

API 接口	set_vel_limit(vel_lim)
参数说明	-vel_lim：输出端最大速度(rad/s)

㉞ 设置电机电流限制：

API 接口	set_current_limit(current_lim)
参数说明	-current_lim：最大电流(A)

㉟ 设置位置：

API 接口	set_pos(pos)
参数说明	-pos：目标位置（rad）

㊱ 设置速度：

API 接口	set_vel(velocity)
参数说明	-velocity：目标速度（rad/s）

㊲ 设置力矩：

API 接口	set_torque(torque)
参数说明	-torque：目标力矩（N·m）

㊳ 恢复出厂设置：

API 接口	reset()
使用说明	所有设置恢复出厂设置

5.3 机器人底盘运动控制

移动机器人运动的灵活性是各种功能的基础。目前移动机器人多采用全向轮移动机构，为了实现全向移动，一般机器人会使用连续切换轮（福来轮）或麦克纳姆轮这两种特殊轮子。本节将以福来轮移动机器人为运动载体进行运动控制实践。

5.3.1 速度转换

不同于单个电机的驱动控制，对机器人底盘的运动控制通常以底盘的速度作为输入，需要通过速度转换，才能得到电机的控制信号。指定底盘速度作为输入，最终得到电机的控制信号，整体流程如图 5.21 所示。

图 5.21 中，XYSetVel（vx，vy，w）代表底盘的驱动函数，vx、vy、w 定义见表 5.9。

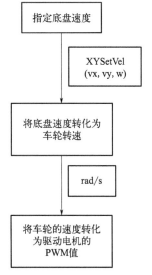

图 5.21 速度转换流程

表 5.9 函数 XYSetVel（vx，vy，w）参数定义

参数	含义	值含义
vx	底盘 x 方向平移运动，前进、后退	"±"号表示 x 向运动的方向，值表示速度大小，单位 m/s
vy	底盘 y 方向平移运动，左平移、右平移	"±"号表示 y 向运动的方向，值表示速度大小，单位 m/s
w	底盘以中心点旋转，原地旋转	"±"号表示旋转方向，顺时针为"−"，逆时针为"+"，值表示速度大小，单位 m/s

通过运动分析可知，福来轮移动机器人实际速度需要拆分为三个分量的速度，即沿 x 轴平移速度 V_x、沿 y 轴平移速度 V_y、绕几何中心自转速度 W，分别计算出底盘沿相应方向运动时各个车轮的速度，然后将单个车轮在各个方向上的速度进行合成，即得到单个车轮的实际速度。

把整个机器人的速度按右手定则拆解为线速度 V_x、V_y 和角速度 W。假设机器人沿 V_x 正方向运动，此时四个福来轮的转向如图 5.22 所示，注意此时 W 为 0。

看图可得，1 号和 3 号车轮同向且为正向（按右手定则旋转方向定义），2 号和 4 号车轮同向且为反向，接下来对车轮速度进行拆解。

这里以 1 号车轮为例进行分析，由于福来轮结构包含两个互相垂直的主轮和副轮，所以机器人的速度为福来轮主轮和副轮的合成速度，如图 5.23 所示。

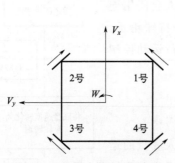
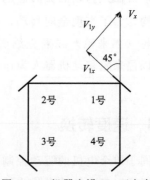

图 5.22 机器人沿 V_x 正方向运动时各个车轮速度分析

图 5.23 机器人沿 V_x 正方向运动时 1 号车轮速度分解

$$V_{1x} = V_x \cos 45° \tag{5-2}$$

同理可得

$$V_{1y} = V_y \cos 45° \tag{5-3}$$

同理可得

$$\begin{cases} V_1 = V_3 = V_x\cos45°+V_y\cos45° \\ V_2 = V_4 = V_x\cos45°-V_y\cos45° \end{cases} \tag{5-4}$$

接下来计算角速度对于各个轮的速度影响，依然以 1 号车轮为例，机器人的角速度与 1 号轮线速度的关系式如下：

$$V_{1w} = W \times R \tag{5-5}$$

式中，R 为车中心到各个轮中心的距离。

其他各个轮线速度大小受角速度影响一致。

$$V_{1w} = V_{2w} = V_{3w} = V_{4w} \tag{5-6}$$

假设机器人沿正方向旋转，此时 1 号和 4 号轮转向不变，2 号和 3 号轮方向反向，如图 5.24 所示。

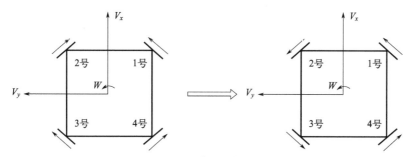

图 5.24 机器人正向旋转时各个车轮速度分析

由此可得各个车轮的速度：

$$\begin{cases} V_1 = V_x\cos45°+V_y\cos45°+V_w \\ V_2 = V_x\cos45°-V_y\cos45°-V_w \\ V_3 = V_x\cos45°+V_y\cos45°-V_w \\ V_4 = V_x\cos45°-V_y\cos45°+V_w \end{cases} \tag{5-7}$$

最后，将车轮的速度转化为电机的速度：

$$V_{1电机} = \frac{V_1}{轮周长} \tag{5-8}$$

5.3.2 里程计算

将机器人的整体运动简化为由无数个局部运动组成，如图 5.25 所示，局部里程可表示为 P_0 到 P_1 的移动距离，可进一步分解为 x 方向的移动距离和 y 方向的移动距离。

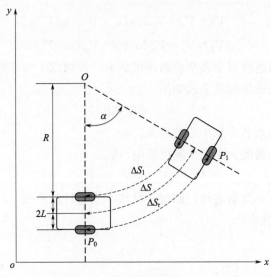

图 5.25　局部里程表示（一）

图 5.25 中，P_0 为上一个动作的状态，P_1 为行进之后的状态；O 点为底盘差速（或等速）的旋转中心；α 是 P_0 位置运动到 P_1 位置旋转的角度；R 为底盘左轮的旋转半径，$2L$ 为左右两轮的间距；ΔS_1 为左轮的运动路线，ΔS_r 为右轮的运动路线。由此可得

$$\Delta S_1 = R \times \alpha \tag{5-9}$$

$$\Delta S_r = (R+2L) \times \alpha \tag{5-10}$$

对上述方程组求解可得

$$L\alpha = \frac{\Delta S_1 - \Delta S_r}{2} \tag{5-11}$$

$$R = \frac{2L \times \Delta S_1}{\Delta S_r - \Delta S_1} \tag{5-12}$$

观察图 5.25 可得

$$\Delta S = (R+L) \times \alpha \tag{5-13}$$

联合式(5-10)、式(5-12) 和式(5-13) 可解得

$$\Delta S = \frac{\Delta S_1 + \Delta S_r}{2} \tag{5-14}$$

如图 5.26 所示，设定一个底盘从 P_0 到 P_1 位置变动的角度为 $\Delta\beta$，通过几何推导可得出 $\Delta\beta = \alpha$。

将式(5-12) 代入式(5-9) 可得

$$\Delta\beta = \alpha = \frac{\Delta S_r - \Delta S_1}{2L} \tag{5-15}$$

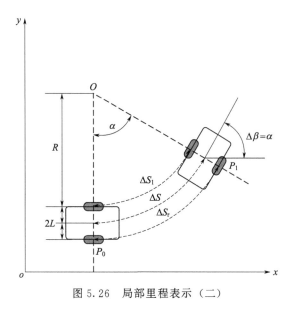

图 5.26 局部里程表示（二）

如图 5.27 所示，通过几何推导可得出 $\theta = \Delta\beta/2$，此处设定 P_0 位置到 P_1 位置直线距离为 Δd。

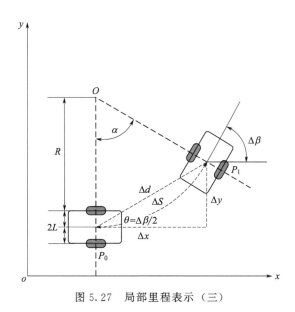

图 5.27 局部里程表示（三）

设定该局部运动前的初始角度为 β，观察图 5.28 并分析可得

$$\begin{cases} \Delta x = \Delta d \times \cos\left(\beta + \dfrac{\Delta\beta}{2}\right) \\ \Delta y = \Delta d \times \sin\left(\beta + \dfrac{\Delta\beta}{2}\right) \end{cases} \tag{5-16}$$

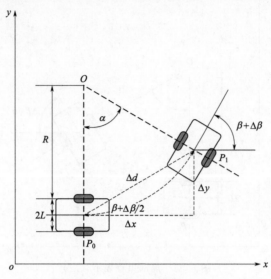

图 5.28 局部里程表示（四）

此处分析的是局部运动，可以理解为 $\Delta d \approx \Delta S$，如图 5.29 所示，求解可得

$$\begin{cases} \Delta x = \Delta d \times \cos\left(\beta + \dfrac{\Delta \beta}{2}\right) \\ \Delta y = \Delta d \times \sin\left(\beta + \dfrac{\Delta \beta}{2}\right) \end{cases} \quad (5\text{-}17)$$

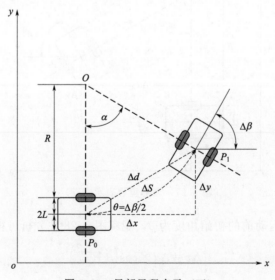

图 5.29 局部里程表示（五）

5.3.3 程序控制

本程序使用 4.2 节"探索者"四驱全向福来轮移动机器人,步进电机连接参考 5.2 节中任务 3。

程序分为 2 段:一段是主程序,从 ROS 端接收运动速度信息;另一段程序将速度信息进行转化,计算里程,并且将最终轮的速度转化为步进电机驱动。

主程序如下:

```cpp
#include <ros.h>
#include <ros/time.h>
#include <geometry_msgs/Vector3.h>
ros::NodeHandle  nh;
void XYRun(double vx,double vy,double w);
void messageCb(const geometry_msgs::Vector3& vel_cmd)  {XYSetVel(vel_cmd.x,vel_cmd.y,vel_cmd.z);}
ros::Subscriber<geometry_msgs::Vector3> vel_cmd_sub("vel_cmd",&messageCb);
geometry_msgs::Vector3 pose_message;
ros::Publisher pose_feedback_pub("pose_feedback",&pose_message);
geometry_msgs::Vector3 vel_message;
ros::Publisher vel_feedback_pub("vel_feedback",&vel_message);

//#define DEBUG   //调试时,可打开
#define Back_constant 1
#define BORDRATE 115200
#define OPEN_WAIT_TIME 1000
const int kMessagePubRate=5;
unsigned long message_pub_time=0;
const int kReadMotorDeltaT=50;
unsigned long position_read_time=0;
float current_x=0,current_y=0,current_a=0;
float current_vx=0,current_vy=0,current_va=0;

void setup(){
  delay(OPEN_WAIT_TIME);
  Serial.begin(BORDRATE);
  initMotor();
  nh.initNode();
```

```
  nh.subscribe(vel_cmd_sub);
  nh.advertise(pose_feedback_pub);
  nh.advertise(vel_feedback_pub);
  XYSetVel(0.0,0.0,0.0);
  position_read_time=millis();
  message_pub_time=millis();
}

void loop(){
  XYRun();
  if(millis()>position_read_time)
  {
    XYRead();
    position_read_time+=kReadMotorDeltaT;
  }
  if(millis()>message_pub_time)
  {
    pose_message.x=current_x;
    pose_message.y=current_y;
    pose_message.z=current_a;
    vel_message.x=current_vx;
    vel_message.y=current_vy;
    vel_message.z=current_va;
    pose_feedback_pub.publish(&pose_message);
    vel_feedback_pub.publish(&vel_message);
    message_pub_time+=1000.0/kMessagePubRate;
  }
  nh.spinOnce();
}
```

定义参数、速度变换、里程计算程序如下。

先定义机器人的几个参数变量，见表 5.10。

表 5.10 机器人参数变量定义描述

变量	释义
D_WHEEL	表示电机轮胎的直径（真实测量的电机轮胎的直径）
DIAGONAL_L	4 个车轮对角线长度
BODY_WIDTH	左右车轮中心距

详细程序段如下：

```cpp
//定义车和轮相关参数
#include <AccelStepper.h>
#define EN_PIN 34    //22
#define D_WHEEL 0.058
#define ROOT_OF_TWO 0.707
#define CAR_WIDTH   0.16
#define CAR_LENGTH 0.16
#define CAR_RADIO   sqrt(CAR_WIDTH * CAR_WIDTH + CAR_LENGTH * CAR_LENGTH)/2.0
#define CAR_DWHEEL   sqrt(CAR_WIDTH * CAR_WIDTH + CAR_LENGTH * CAR_LENGTH)
#define FOUR_PARTS_OF_PI PI/4.0
#define R_WHEEL D_WHEEL/2.0
#define DIAGONAL_L 0.302
#define BODY_WIDTH   0.216
#define MAIN_STEP 200
#define MICRO_STEP 16
#define TOTAL_STEP(MAIN_STEP * MICRO_STEP)
const double kMaxFre=3200.0;                      //n/s
const double Rad_of_Step=2*PI/(TOTAL_STEP);  // rad/step
const double CWheel=M_PI*D_WHEEL;                //m
const double VRatio=TOTAL_STEP/CWheel;           //n step/m
const double V1Ratio=CWheel/TOTAL_STEP;          //m/step
const double Wvariable=CWheel/(2*PI);            // m/rad
const double UnWvariable=2*PI/CWheel;            // rad/m
const double kTurningAdjustRate=0.89;
const double kEquivalentTread = (CAR_DWHEEL * CAR_DWHEEL/CAR_WIDTH) * kTurningAdjustRate;       //m
const double WRatio=kEquivalentTread*M_PI*VRatio/(2*M_PI);
                                                  //n step/rad 弧度
const double Rotate_Variable=CAR_RADIO * kTurningAdjustRate;
const double turn_constant=(CAR_LENGTH * CAR_LENGTH+CAR_WIDTH * CAR_WIDTH)/ CAR_WIDTH / 2.0 * 0.685;
const double forward_constant=1.09;

//定义步进电机引脚
AccelStepper stepperx(1,45,44);   //23  24
AccelStepper steppery(1,33,32);   //25  26
```

```cpp
AccelStepper stepperz(1,43,42);    //27  28
AccelStepper steppera(1,31,30);    //29  30

//电机失能
void disable_step(){
  digitalWrite(EN_PIN,HIGH);
  delay(8000);
}

//电机初始化
void initMotor()
{
  stepperx.setEnablePin(EN_PIN);
  stepperx.setPinsInverted(true,false,true);
  steppery.setPinsInverted(false,false,true);
  stepperz.setPinsInverted(true,false,true);
  steppera.setPinsInverted(false,false,true);
  stepperx.setMaxSpeed(kMaxFre);
  steppery.setMaxSpeed(kMaxFre);
  stepperz.setMaxSpeed(kMaxFre);
  steppera.setMaxSpeed(kMaxFre);
  stepperx.enableOutputs();
}

//速度变换,vx:m/s;vy:m/s;w:rad/s
//将车轮速度转化为步进电机步数
void XYSetVel(double vx,double vy,double w)
{
  double v0=VRatio * ((vx+vy)/cos(FOUR_PARTS_OF_PI)/2.0);
  double v1=VRatio * ((vx-vy)/cos(FOUR_PARTS_OF_PI)/2.0);
  double w_t=VRatio * (CAR_RADIO * w);
  if((fabs(v1-w_t)>kMaxFre)||(fabs(v0+w_t)>kMaxFre)||(fabs(v0-w_t)>kMaxFre)||(fabs(v1+w_t)>kMaxFre))
      return;
  #ifdef DEBUG
  Serial.print("step_0:");Serial.println(v0,6);
  Serial.print("step_1:");Serial.println(v1,6);
  Serial.print("step_w:");Serial.println(w_t,6);
```

```
  Serial.println("--------------------------");
  #endif
  stepperx.setSpeed(v1-w_t);
  steppery.setSpeed(v0+w_t);
  stepperz.setSpeed(v0-w_t);
  steppera.setSpeed(v1+w_t);
}

//步进电机驱动
void XYRun()
{
  stepperx.runSpeed();
  steppery.runSpeed();
  stepperz.runSpeed();
  steppera.runSpeed();
}

//里程计算
void XYRead()
{
  static long step_count[4]={0,0,0,0};
  static long d_step[4]={0,0,0,0};
  static unsigned long last_time=micros();
  static long tt=0;
  d_step[0]=stepperx.currentPosition()-step_count[0];
  d_step[1]=steppery.currentPosition()-step_count[1];
  d_step[2]=stepperz.currentPosition()-step_count[2];
  d_step[3]=steppera.currentPosition()-step_count[3];
  step_count[0]=stepperx.currentPosition();
  step_count[1]=steppery.currentPosition();
  step_count[2]=stepperz.currentPosition();
  step_count[3]=steppera.currentPosition();

  #ifdef DEBUG
  for(int    i=0;i<4;i++){Serial.print(d_step[i]);Serial.print(" | ");}Serial.println();
  #endif
```

```
        if((d_step[0]|d_step[1]|d_step[2]|d_step[3])==0){
          last_time=micros();
          current_vx=0;
          current_vy=0;
          current_va=0;
          return;
        }
        else{
          float xx=(d_step[0]/ROOT_OF_TWO+d_step[1]/ROOT_OF_TWO+d_step[2]/
ROOT_OF_TWO+d_step[3]/ROOT_OF_TWO)/4.0*V1Ratio/forward_constant;
          float yy=(d_step[1]/ROOT_OF_TWO+d_step[2]/ROOT_OF_TWO-d_step[0]/
ROOT_OF_TWO-d_step[3]/ROOT_OF_TWO)/4.0*V1Ratio/forward_constant;
          float da=(d_step[1]+d_step[3]-d_step[0]-d_step[2])/4.0*V1Ratio/
(turn_constant);
          float dt=(micros()-last_time)/1000000.0;
          float dx=(xx*cos(current_a)-yy*sin(current_a));
          float dy=(xx*sin(current_a)+yy*cos(current_a));
          current_x+=dx;
          current_y+=dy;
          current_a+=da;
          current_vx=xx/dt;
          current_vy=yy/dt;
          current_va=da/dt;
          last_time=micros();

          #ifdef DEBUG
          Serial.print("odom:");Serial.println(d_step[1]+d_step[3]-d_step[0]-
d_step[2],6);
          Serial.print("vx:");Serial.println(current_vx,6);
          Serial.print("vy:");Serial.println(current_vy,6);
          Serial.print("va:");Serial.println(current_va,6);
          Serial.print("ox:");Serial.println(current_x,6);
          Serial.print("oy:");Serial.println(current_y,6);
          Serial.print("oa:");Serial.println(current_a,6);
          #endif
        }
      }
```

5.4 机器人通信测试

通信是用来在不同电子设备之间交换数据的技术，如上位机与下位机间的通信、主机与从机间的通信等。本节将基于模块化机器人通信需求，开展多种软硬件通信测试。

任务1 串口通信测试

串口通信包括硬件串口通信、软件模拟串口通信两种方式。通常将 Arduino UNO 上自带的串口称为硬件串口，将使用 SoftwareSerial 类库模拟成的串口称为软件模拟串口（简称软串口）。在 Arduino UNO 上，提供了 0(RX)、1(TX) 一组硬件串口，可与外围串口设备通信，如果要连接更多的串口设备，可以使用软串口。本节将通过两个实验分别实现硬件串口通信和软件模拟串口通信。

硬件串口通信使用 Basra 主控板及 Arduino1.5.2 版本，将实现 Basra 主控板和电脑之间的串口通信。主要实验内容如下。

① 了解硬件串口的操作类 HardwareSerial。该类定义于 HardwareSerial.h 中，并对用户公开声明了 Serial 对象，用户在 Arduino 程序中直接调用 Serial 就可实现串口通信。常用函数包括 Serial.begin()、Serial.end()、Serial.print()、Serial.println()、Serial.available()、Serial.read() 等。

② 用 USB 数据线连接主控板和电脑。

③ 编写程序，实现通过串口发送 "hello5"。完整程序如下：

```
/*
功能:串口输出 hello5
*/
void setup(){
  Serial.begin(9600);
}

void loop(){
  //Serial.write(46);// send a byte with the value 46
  int bytesSent=Serial.write("hello");
  Serial.println(bytesSent);
  delay(1000);
}
```

打开串口，实现效果如图 5.30 所示。

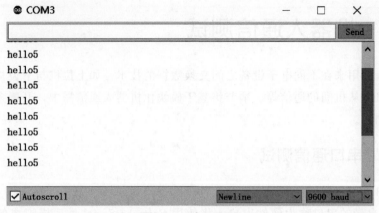

图 5.30　串口显示

软件模拟串口通信实验基于 2 组 Basra 主控板、BigFish 扩展板及 Arduino1.5.2 版本，实现两个控制板之间的串口通信。主要实验内容如下。

① 了解软串口的操作类 SoftwareSerial 并建立软串口通信。SoftwareSerial 类成员函数及其解释如下：

`SoftwareSerial()`

SoftwareSerial 类的构造函数，该函数可指定软串口 RX、TX 引脚。

语法：

`SoftwareSerial mySerial=SoftwareSerial(rxPin,txPin)`
`SoftwareSerial mySerial(rxPin,txPin)`

参数：

mySerial：用户自定义软件串口对象

rxPin：软串口接收引脚

txPin：软串口发送引脚

SoftwareSerial 类库是 Arduino IDE 默认提供的一个第三方类库，和硬件串口不同，其声明并没有包含在 Arduino 核心库中，因此要建立软串口通信。首先需要声明包含 SoftwareSerial.h 的头文件，然后即可使用该类库中的构造函数初始化一个软串口实例。本实验将使用函数 SoftwareSerial mySerial（10，11）新建一个名为 mySerial 的软串口，并将 10 号引脚作为 RX 端，11 号引脚作为 TX 端。

② 按图 5.31 进行硬件连接。引脚编号及连接关系见表 5.11。其中，Basra 板子（master）代表主设备，Basra 板子（slave）代表从设备。主设备发送数据，从设备接收数据。

第 5 章 模块化机器人感知与运动控制

图 5.31 软件模拟串口通信硬件连接

表 5.11 引脚编号及连接关系

Basra 板子(master)	Basra 板子(slave)
(10)RX	(11)TX
(11)TX	(10)RX
5V	5V
GND	GND

③ 编写程序,实现两个设备间的软串口通信。

主设备程序 SoftwareSerial _ Master 如下:

```
/*
  知识:SoftwareSerial 通信
  功能:主设备发送数据,从设备接收收据
  电路连接:见配套文档
*/
#include <SoftwareSerial.h>
SoftwareSerial mySerial(10,11);// RX,TX

void setup()
{
  Serial.begin(115200);
  while(! Serial){
    ;
  }
```

117

```
  Serial.println("Master!");
  mySerial.begin(9600);
}

void loop()
{
  mySerial.println(1);
  delay(1000);
  mySerial.println(2);
  delay(1000);
}
```

从设备程序 SoftwareSerial _ Slave 如下：

```
/*
   功能:从设备接收主设备的数据,可以从串口查看接收到的数据
   接线:见配套文档
*/
#include <SoftwareSerial.h>
SoftwareSerial mySerial(10,11);
String receive_data="";
void setup()
{
  Serial.begin(115200);
  while(!Serial){
    ;
  }
  Serial.println("slave");
  mySerial.begin(9600);
}

void loop()// run over and over
{
  if(mySerial.available())
  {
  char inchar=mySerial.read();
    receive_data+=inchar;
    if(inchar=='\n')
    {
       Serial.println(receive_data);//receive value;
```

```
        receive_data="";
    }
  }
}
```

④ 分别将程序上传到设备中，打开主设备与从设备连接的串口监视器，即可查看通信数据，如图 5.32 所示。

图 5.32　软串口通信串口监视显示

任务 2　Socket 通信测试

除硬件串口通信 HardwareSerial 外，Arduino 还提供了 SoftwareSerial 类库，可以将其他数字引脚通过程序模拟成串口通信引脚。本实验将实现基于 SoftwareSerial 的两个 Arduino 板通信。主要实验内容如下。

① 建立连接。

a. 服务程序：

• 调用 socket，创建一个新的套接字，并在传输层实体中分配表空间，返回一个文件描述符用于以后调用中使用该套接字；

• 调用 bind，将一个地址赋予该套接字，使远程客户程序能访问该服务程序；

• 调用 listen，分配数据空间，以便存储多个用户的连接建立请求；

• 调用 accept，将服务程序阻塞起来，等待接收客户程序发来的连接请求。

当传输层实体接收到建立连接的 TPDU 时，新创建一个和原来的套接字相同属性的套接字并返回其文件描述符。服务程序创建一个子进程处理此次连接，然后继续等待发往原来套接字的连接请求。

b. 客户程序：

• 调用 socket，创建一个新的套接字，并在传输层实体中分配表空间，返回一个文件描述符用于在以后的调用中使用该套接字；

• 调用 connect，阻塞客户程序，传输层实体开始建立连接，当连接建立完成时，取消阻塞。

② 数据传输，双方使用 send 和 receive 完成数据的全双工发送。

③ 释放连接，每一方使用 close 原语单独释放连接。

④ 基于 Jupyter 的程序实现。以下程序提供了一种实现方式，实现功能为：客户端向服务端发送"I am a client"，服务端收到后向客户端回复"I am a server"，运行效果如图 5.33 所示。

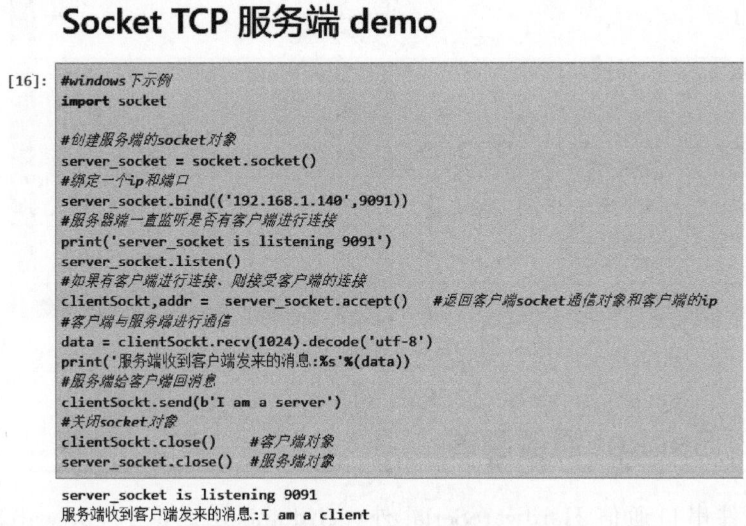

```
Socket TCP 服务端 demo

[16]: #windows下示例
import socket

#创建服务端的socket对象
server_socket = socket.socket()
#绑定一个ip和端口
server_socket.bind(('192.168.1.140',9091))
#服务器端一直监听是否有客户端进行连接
print('server_socket is listening 9091')
server_socket.listen()
#如果有客户端进行连接、则接受客户端的连接
clientSockt,addr = server_socket.accept()    #返回客户端socket通信对象和客户端的ip
#客户端与服务端进行通信
data = clientSockt.recv(1024).decode('utf-8')
print('服务端收到客户端发来的消息:%s'%(data))
#服务端给客户端回消息
clientSockt.send(b'I am a server')
#关闭socket对象
clientSockt.close()       #客户端对象
server_socket.close()     #服务端对象

server_socket is listening 9091
服务端收到客户端发来的消息:I am a client
```

图 5.33 Socket 服务端运行显示

Socket 服务端程序示例：

#windows 下示例

import socket

#创建服务端的 socket 对象

server_socket=socket.socket()

#绑定一个 ip 和端口

server_socket.bind(('192.168.1.140',9091))

#服务器端一直监听是否有客户端进行连接

```
print('server_socket is listening 9091')
server_socket.listen()
#如果有客户端进行连接,则接受客户端的连接
clientSocket,addr=server_socket.accept()    #返回客户端 socket 通信对象和客户端的 ip
#客户端与服务端进行通信
data=clientSocket.recv(1024).decode('utf-8')
print('服务端收到客户端发来的消息:%s'%(data))
#服务端给客户端回消息
clientSocket.send(b'I am a server')
#关闭 socket 对象
clientSocket.close()     #客户端对象
server_socket.close()    #服务端对象
```

Socket 客户端程序示例:

```
import socket
#创建 socket 通信对象
clientSocket=socket.socket()
#使用正确的 ip 和端口连接服务器
clientSocket.connect(('192.168.1.140',9091))
#客户端与服务器端进行通信
#给 socket 服务器发送信息
clientSocket.send(b'I am a client')
#接收服务器的响应(服务器回复的消息)
recvData=clientSocket.recv(1024).decode('utf-8')
print('客户端收到服务器回复的消息:%s'%(recvData))
#关闭 socket 对象
clientSocket.close()
```

任务 3　ROS 和 Arduino 通信

移动机器人定位与导航涉及非 ROS 设备与 ROS 设备间的通信,rosserial 是用于非 ROS 设备与 ROS 设备进行通信的一种协议,它为非 ROS 设备的应用程序提供了 ROS 节点和服务的发布/订阅功能,使在非 ROS 环境中运行的应用能够通过串口或网络轻松地与 ROS 应用进行数据交互。本实验将基于 ROS 和 Arduino 通信协议 rosserial_arduino,实现两者间的通信。具体地,将实现以下功能:Arduino 发布一个"hello world!"的消息,ROS 端进行订阅并显示。实现方式如下。

① 为 Arduinio 配置 rosserial 库。电脑需配置 Ubnuntu 20.04 和 ROS noetic 版本，并安装好 Arduino 1.8.12。

安装配置 rosserial_arduino，在终端运行以下命令行：

```
sudo apt-get install ros-${ROS_DISTRO}-rosserial-arduino
```

为 Arduino 安装 ros_lib 库，在终端运行以下命令行：

```
cd <sketchbook>/libraries
rm-rf ros_lib
rosrun rosserial_arduino make_libraries.py
```

安装完成后，可通过 Arduino IDE 查看相应的库文件，如图 5.34 所示。

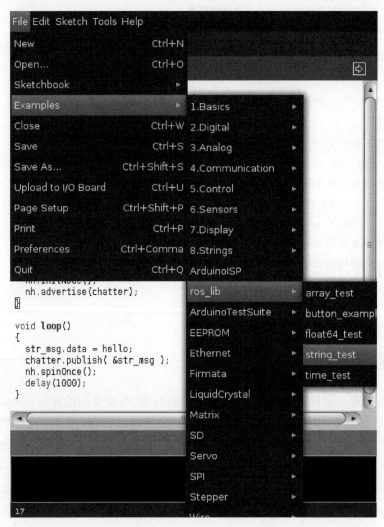

图 5.34　Arduino IDE 中 ros_lib 库

② 编写 Arduino 程序并烧录至"探索者"Basra（基于 Arduino UNO 设计）控制板。参考程序如下：

```
/*
 * rosserial Publisher Example
 * Prints "hello world!"
 */

// Use the following line if you have a Leonardo or MKR1000
//#define USE_USBCON

#include <ros.h>
#include <std_msgs/String.h>

ros::NodeHandle nh;

std_msgs::String str_msg;
ros::Publisher chatter("chatter",&str_msg);

char hello[13]="hello world!";

void setup()
{
  nh.initNode();
  nh.advertise(chatter);
}

void loop()
{
  str_msg.data=hello;
  chatter.publish(&str_msg);
  nh.spinOnce();
  delay(1000);
}
```

③ 将 Basra 控制板与电脑 USB 口进行连接。

④ 打开电脑终端，通过以下命令行启动 ROS 内核：

```
roscore
```

启动 ROS 和 Arduino 通信节点：

```
rosrun rosserial_arduino serial_node.py _port:=/dev/ttyUSB0
```

在 ROS 终端打印订阅的消息：

```
rostopic echo chatter
```

第 6 章

激光SLAM自主导航

机器人激光 SLAM 导航主要应用于室内场景的机器人定位和导航，如家用扫地机器人、商场服务机器人、工厂 AGV 机器人等。完整的激光 SLAM 导航功能可以分为 SLAM 建图功能和导航功能两部分。激光 SLAM 建图是通过激光雷达扫描周围环境构建地图；导航是在建图成功的基础上，给机器人指定一个目标位置，自主规划最优路径，按规划最优路径到达目标位置。因此，完整的机器人激光 SLAM 导航需要先进行激光 SLAM 建图，然后实现自主导航。

相较于算法背后的数学原理，本书更注重工程实现方法。6.1 节介绍机器人激光 SLAM 导航完整架构、建图及导航方法，6.2 节和 6.3 节分别基于两款移动机器人进行机器人激光 SLAM 导航的具体实现和应用实践。

6.1 激光 SLAM 导航基础

6.1.1 激光 SLAM 导航框架

激光 SLAM 导航技术已经比较成熟，这里介绍基于 ROS 的激光 SLAM 导航实现。在 ROS 中可以实现基于一个成熟的 ROS 的导航功能包，图 6.1 是导航功能包中对应的导航框架图。

这个导航功能包简单来说，就是根据输入的里程计等传感器的信息流和机器人的全局位置信息，通过导航算法，计算得出安全可靠的机器人速度控制指令。但是，如何在特定的机器人上实现导航功能包的功能，却是一项较为复杂的工程。作为导航功能包使用的必要先决条件，机器人必须运行 ROS，发布 TF 变换树，并发布使用 ROS 消息类型的传感器数据。同时，为了让机器人更好地完成导航任务，开发者还要根据机器人的外形尺寸和性能，配置导航功能包的一些参数。下面具体了解框架图的各个组件。

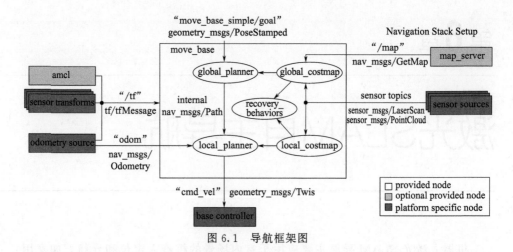

图 6.1 导航框架图

在图 6.1 导航框架图中，白色的部分是必需且已实现的组件，浅灰色的部分是可选且已实现的组件，深灰色的部分是必须为每一个机器人平台创建的组件，各个组件含义如下。

白色组件：
• move_base：实现机器人导航中的最优路径规划，提供导航的主要运行、交互接口；
• global_planner：全局的路径规划；
• local_planner：局部的路径规划；
• global_costmap：全局的代价地图；
• local_costmap：局部的代价地图；
• recovery_behaviors：期望的行为。

浅灰色组件：
• amcl：acml 算法，通过比较检测到的障碍物和已知地图来进行定位；
• map server：地图服务，使用 map server 服务可以保存地图，使用 nav_msgs/GetMap 发送地图消息。

深灰色组件：
• sensor transforms：传感器坐标转换；
• odometry source：里程计源，使用 tf 和 nav_msgs/Odometry 发布里程计信息；
• base controller：基本控制器，订阅"cmd_vel"中 geometry_msgs/Twist 消息发送速度命令；
• sensor sources：传感器源，用来避开实际场景中的障碍物。使用 sensor_msgs/Laser 或 Scansensor_msgs/PointCloud 发送传感器信息。

各组件之间可以通过发布和订阅消息进行通信。白色组件、浅灰色组件可以直接使用，只需要理解相关组件的功能、会调用参数即可，无须重新设计；深灰色组件需要依据具体的机器人设置相关参数，是学习的重点。

此外，导航的关键是机器人定位和路径规划两大部分，主要用到下面两个功能包：

move_base：实现机器人导航中的最优路径规划；

amcl：实现二维地图中的机器人定位。

在该框架中，move_base 功能包提供导航的主要运行、交互接口。amcl 功能包保障路径的准确性，对自己所处的位置进行精确定位。

6.1.2 基于 Gmapping 激光 SLAM 建图

Gmapping 激光 SLAM 建图过程是基于 Gmapping 算法进行的，Gmapping 可以实时构建室内地图，在构建小场景地图时所需的计算量较小且精度较高，是目前应用最为广泛的二维 SLAM 方法。本节将具体介绍 Gmapping 算法，包括算法的框架、节点、话题、服务、坐标变换的常见参数，以及基于这些参数如何配置建图功能的启动文件（gmapping.launch）。具体地，首先通过计算图了解 Gmapping 的框架，然后进行节点配置并创建启动文件，最后完成 SLAM 建图。

(1) Gmapping SLAM 计算图

Gmapping 的作用是根据激光雷达和里程计（Odometry）的信息，对环境地图进行构建，并且对自身状态进行估计。因此，输入应当包括激光雷达和里程计的数据，而输出应当有自身位置和地图。从计算图（消息的流向）的角度来看，Gmapping 算法在实际运行中的结构如图 6.2 所示。

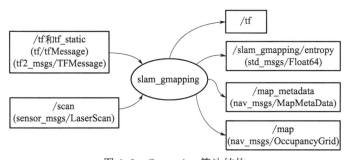

图 6.2 Gmapping 算法结构

slam_gmapping 节点负责整个 Gmapping SLAM 工作，包含多个输入和输出，具体说明如下。

① 输入。

/tf 以及/tf_static：坐标变换，类型为第一代的 tf/tfMessage 或第二代的 tf2_msgs/TFMessage。其中，必须提供两个 tf，一个是 base_frame 与 laser_frame

之间的 tf，即机器人底盘和激光雷达之间的变换；另一个是 base_frame 与 odom_frame 之间的 tf，即机器人底盘和里程计原点之间的坐标变换。odom_frame 可以理解为里程计原点所在的坐标系。

/scan：激光雷达数据，类型为 sensor_msgs/LaserScan。

/scan 很好理解，是 Gmapping SLAM 必需的激光雷达数据，而/tf 是一个比较容易忽视的细节，尽管/tf 这个 Topic 听起来很简单，但它维护了整个 ROS 三维世界里的转换关系，而 slam_gmapping 要从中读取的数据是 base_frame 与 laser_frame 之间的 tf，只有这样才能够把周围障碍物变换到机器人坐标系下。更重要的是 base_frame 与 odom_frame 之间的 tf，这个 tf 反映了里程计（电机的光电码盘、视觉里程计、IMU）的监测数据，也就是机器人里程计测得走了多少距离，它会把这段变换发布到 odom_frame 和 laser_frame 之间。因此，slam_gmapping 会从/tf 中获得机器人里程计的数据。

② 输出。

/tf：主要输出 map_frame 和 odom_frame 之间的变换。

/slam_gmapping/entropy：std_msgs/Float64 类型，反映了机器人位姿估计的分散程度。

/map：slam_gmapping 建立的地图。

/map_metadata：地图的相关信息。

输出的/tf 里有一个很重要的信息，就是 map_frame 和 odom_frame 之间的变换，其本质是对机器人的定位。通过连通 map_frame 和 odom_frame，map_frame 与 base_frame 甚至 laser_frame，即可实现机器人在地图上的初步定位。

同时，输出的 Topic 里还有/map，在 SLAM 场景中，地图是作为 SLAM 的结果被不断更新和发布的。

后续还要计算里程计误差并修正，最终实现机器人在地图上的精准定位。

(2) 节点 node

slam_gmapping 节点采用 sensor_msgs/LaserScan 消息，并且构建地图 (nv_msgs/OccupancyGrid)。地图可以通过 topic 或 service 检索。

(3) 话题和服务

Gmapping 功能包中发布/订阅的话题和提供的服务如表 6.1 所示。

表 6.1　Gmapping 话题与服务（一）

话题	名称	类型	描述
Topic 订阅	tf	tf2_msgs/TFMessage	用于激光雷达坐标系、基坐标系、里程坐标系之间的转换
	scan	sensor_msgs/LaserScan	激光雷达扫描数据

续表

话题	名称	类型	描述
Topic 发布	map_metadata	nav_msgs/MapMetaData	发布地图 Meta 数据
	map	nav_msgs/OccupancyGrid	发布地图栅格数据
	/four_macnum_slam_gmapping/entropy	apping/entropy std_msgs/Float64	发布机器人姿态分布熵的估计
Service	dynamic_map	nav_msgs/GetMap	获取地图数据

表 6.1 中列出了 Gmapping 功能包中发布/订阅的话题和提供的服务，实际上要让机器人底盘运行起来，还需要更多话题及服务，具体见表 6.2。

表 6.2　Gmapping 话题与服务（二）

话题	名称	类型	描述
Topic 发布	map_updates	map_msgs/OccupancyGridUpdate	实时更新地图映射项
Topic 订阅	(ROStopic list)pose_feedback	(ROStopic type pose_feedback)	计算底盘里程

（4）坐标变换

Gmapping 功能包提供的坐标变换如表 6.3 所示。

表 6.3　Gmapping 坐标变换

操作	TF 变换	描述
必需的 TF 变换	laser→base_link	激光雷达坐标系与基坐标系之间的变换一般由 robot_state_publisher 或 static_static_transform_publisher 发布，本实验采用后者发布
	base→odom	基坐标系与里程计坐标系之间的变换，一般由里程计节点发布
发布的 TF 变换	odom→map	地图坐标系与机器人里程计坐标系之间的变换，估计机器人在地图中的位姿

激光 SLAM 建图的具体过程如下：

① 确定机器人运行场景。注意场地最好为封闭且非对称形态，图 6.3 为一个实景场地示例。

② 在选定的场景中，遥控搭载激光雷达的机器人在场景中运动，进行建图。图 6.4 为图 6.3 场景的建图效果。图中，封闭地图区域即为扫描实景场地构建的二维地图。

③ 保存地图。

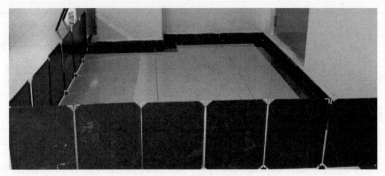

图 6.3 场地示例

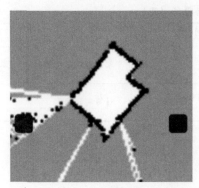

图 6.4 场景建图

6.1.3 机器人导航过程

本导航是基于 navigation 导航功能包进行的,主要包括利用 AMCL 算法进行机器人参数的配置、导航功能包集的配置、机器人自主导航三个过程,其中比较核心的是机器人参数的配置和导航功能包集的配置两部分。

(1) 机器人参数配置

① 配置 TF。导航包使用 TF 来确定机器人在地图中的位置和建立传感器数据与静态地图的联系。配置 TF 主要分成两步:首先将雷达的 TF 与底盘的 TF 进行绑定,然后将绑定后的底盘 TF 发送给世界坐标。

② 在 ROS 上发布激光雷达数据 (LaserScans)。底盘上的雷达传感器可用于为导航功能包集提供信息,从而避免底盘与其他障碍物发生碰撞。目前,导航功能包集只接受使用 sensor_msgs/LaserScan 或 sensor_msgs/PointCloud 消息类型发布的传感器数据,底盘采用的是 sensor_msgs/LaserScan 消息类型。详细描述如下。

• ROS 消息头

消息类型 sensor_msgs/LaserScan 和 sensor_msgs/PointCloud 跟其他的消息一样,包括 tf 帧和与时间相关的信息。为了标准化发送这些信息,消息类型 Header 被用于所有此类消息的一个字段。

类型 Header 包含以下 3 个字段:

字段 seq,对应一个标识符,随着消息被发布,它会自动增加。

字段 stamp,存储与数据相关联的时间信息。以激光扫描为例,stamp 可能对应每次扫描开始的时间。

字段 frame_id，存储与数据相关联的 TF 帧信息。以激光扫描为例，它可能是激光数据所在帧。

- LaserScan 消息

对于机器人的激光扫描仪，ROS 提供了一个特殊的消息类型 LaserScan 来存储激光信息，它位于 sensor_msgs 包。LaserScan 消息方便代码来处理任何激光，只要从扫描仪获取的数据可以格式化为此种类型的消息。下面的名字/注释明确表述了消息里的各个字段及消息本身的规范：

```
# 测量的激光扫描角度,逆时针为正
# 设备坐标帧的 0°面向前(沿着 X 轴方向)
Header header
float32 angle_min            # scan 的开始角度[rad]
float32 angle_max            # scan 的结束角度[rad]
float32 angle_increment      # 测量的角度间的距离[rad]
float32 time_increment       # 测量的时间[s]
float32 scan_time            # 扫描的时间[s]
float32 range_min            # 最小的测量距离[m]
float32 range_max            # 最大的测量距离[m]
float32[] ranges             # 测量的距离数据[m](注意:值 < range_min 或 >
                               range_max 应当被丢弃)
float32[] intensities        # 强度数据[device-specific units]
```

③ 发布里程计信息（odometry source）。导航包使用 TF 来确定机器人在地图中的位置并建立传感器数据与静态地图的联系。然而 TF 不能提供任何关于机器人速度的信息，所以导航包要求里程计源能通过 ROS 发布 TF 变换和包含速度信息的消息。nav_msgs/Odometry 消息保存了机器人空间里评估的位置和速度信息，TF 发布 Odometry 变换数据，在上位机 ROS 中通过节点（message_translate）订阅。

④ 配置基座控制器（base controller）参数信息。

（2）导航功能包集配置

导航功能包集配置包含以下 5 步：

① 创建一个软件包，用来启动所有的硬件以及发布机器人所需的 TF。

② 配置代价地图。导航功能包集需要两幅代价地图来保存世界中的障碍物信息。一幅代价地图用于路径规划，在整个环境中创建长期的路径规划，另一幅地图用于局部路径规划与避障。

③ 配置 dwa_Local Planner 相关文件的参数，以便机器人能够正常启动。

④ 为导航功能包创建 Launch 启动文件，可以一次启动多个节点文件。

⑤ 配置 acml. launch 文件。

其中，AMCL（Adaptive Ment Carto Localization）是一种很常用的定位算法，它通过比较检测到的障碍物和已知地图来进行定位。AMCL 上的通信架构如图 6.5 所示，与之前 Gmapping SLAM 计算图很像，最主要的区别是/map 作为输入，而不是输出，因为 AMCL 算法只负责定位，而不负责建图。

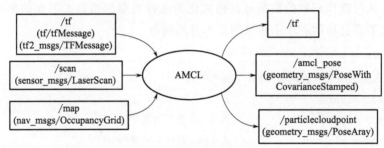

图 6.5　AMCL 通信架构

同时还有一点需要注意，AMCL 定位会对里程计误差进行修正，修正的方法是把里程计误差加到 map_frame 和 odom_frame 之间，而 odom_frame 和 base_frame 之间是里程计的测量值，这个测量值并不会被修正。

(3) 机器人自主导航

经过对机器人参数和导航功能包集的配置后，即可控制机器人在搭建好的模拟场景里进行自主导航，导航的具体过程如下。

① 打开导航的地图，确定当前机器人所在地图的位置。图 6.6 为通过 ROS 中可视化插件打开的地图示例。

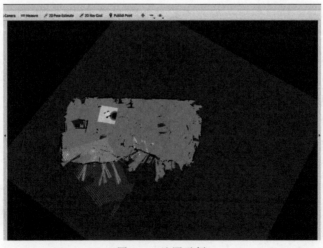

图 6.6　地图示例

② 指定一个目标点，自动规划一条路径。图 6.7 中黑色线所示为规划路径。

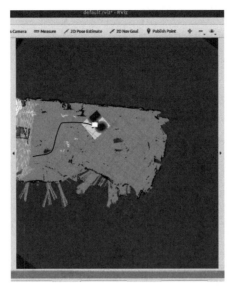

图 6.7 规划路径示例

③ 机器人按照规划路径运动到目标位置，停止运动。

6.2 基于"探索者"移动机器人的激光 SLAM 导航实践

本节内容将以"探索者"移动机器人为载体进行具体项目实践，移动机器人项目的结构本体、硬件及电子模块组装参考 4.2 节中"探索者"福来轮全向移动机器人，步进电机连接方式参考 5.2 节任务 3，系统配置为 Ubuntu 20.04，基于 ROS 设计。硬件连接示意如图 6.8 所示。

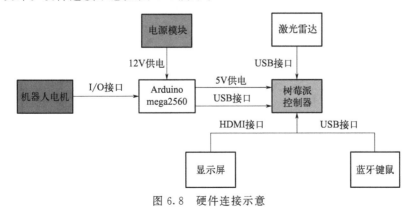

图 6.8 硬件连接示意

本节将实现利用键盘控制移动机器人运动完成 SLAM 建图，基于建好的地图进行路径规划和自主导航。具体实践过程如下：

① 配置键盘启动包，通过键盘控制移动机器人（图 6.9）前进、后退、转向、平移等；

② 配置 SLAM 建图节点、启动文件，如图 6.10 所示，并对实际场景进行建图；

③ 配置机器人导航包，完成机器人自主导航。

图 6.9 "探索者"福来轮全向移动机器人　　图 6.10 SLAM 导航程序包包含内容示例

6.2.1 键盘控制机器人运动

键盘控制底盘运动的工作原理是通过键盘输入运行速度信息给底盘，包含底盘运动方向和具体的速度值，底盘将运行速度进行处理并转化成底盘中 2 个电机的速度，包含转动方向和具体的速度值。整体数据交互过程大致为：ROS 系统发布消息供 Arduino 程序订阅；Arduino 程序发布底盘里程信息被 ROS 系统订阅，同时对订阅信息进行显示。

键盘控制实现的效果为：按下键盘上指定的键，即可实现机器人前进、后退、转向、平移；通过设置机器人的角速度、线速度来调整机器人的运动。表 6.4 为规划的控制机器人的键盘命令。

表 6.4　键盘命令及含义

分类	运动指令	
	键盘快捷键	指令含义
基本运动	i	前进
	,	后退
	j	左转
	l	右转

续表

分类	运动指令	
	键盘快捷键	指令含义
平移	J	左平移
	L	右平移
调整角速度与线速度	q	增大机器人最大速度的10%(包含角速度与线速度)
	z	减小机器人最大速度的10%(包含角速度与线速度)
调整线速度	w	仅增大机器人线速度的10%
	x	仅减小机器人线速度的10%
调整角速度	e	仅增大机器人角速度的10%
	c	仅减小机器人角速度的10%
其他	除了上面的按键之外的其他按键(如k)	停止
	Ctrl+c	程序结束

具体实践过程如下：

① 将 Arduino 程序下载到主机中。

② 打开\ros_ws\src\Arduino_Programs\文件夹，打开 Arduino_Programs.ino 主程序并上传。

③ 打开一个终端，先远程连接树莓派，再启动机器人设备的节点，具体操作如图6.11所示。按下回车键，等待机器人启动，出现图6.12所示内容即启动成功。

④ 启动键盘服务。打开一个新的终端，先远程连接树莓派，再输入启动键盘服务的命令，具体操作如图6.13所示。按下回车键后，等待键盘服务节点启动，出现图6.14所示内容即启动成功。

尝试按下键盘指令，控制机器人在场地内运动。注意：a. 保证终端是激活状态，如图6.13所示；b. 两个键盘指令间应有间隔时间，保证机器人执行到位；c. 检查并确保扩展板上的电源开关处于打开状态，否则会发现机器人在 rviz 中的位置在变化，但机器人本身并未移动。

以改变机器人行进速度为例，要实现机器人的最大速度先增后减，需依次按下键盘上 q、z 命令，终端显示如图6.15所示。

6.2.2 SLAM 建图

本节介绍使用 Gmapping 功能包实现机器人的 SLAM 建图功能。SLAM 算法已经在 Gmapping 功能包中实现，本实验无须过多关注算法的实现原理，重点

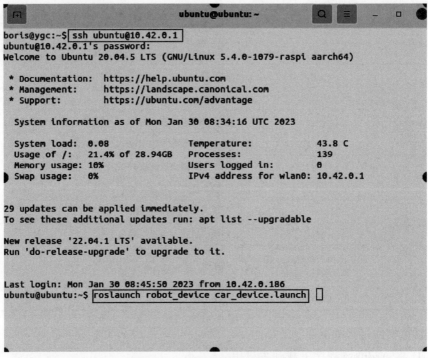

图 6.11 启动设备节点操作示例

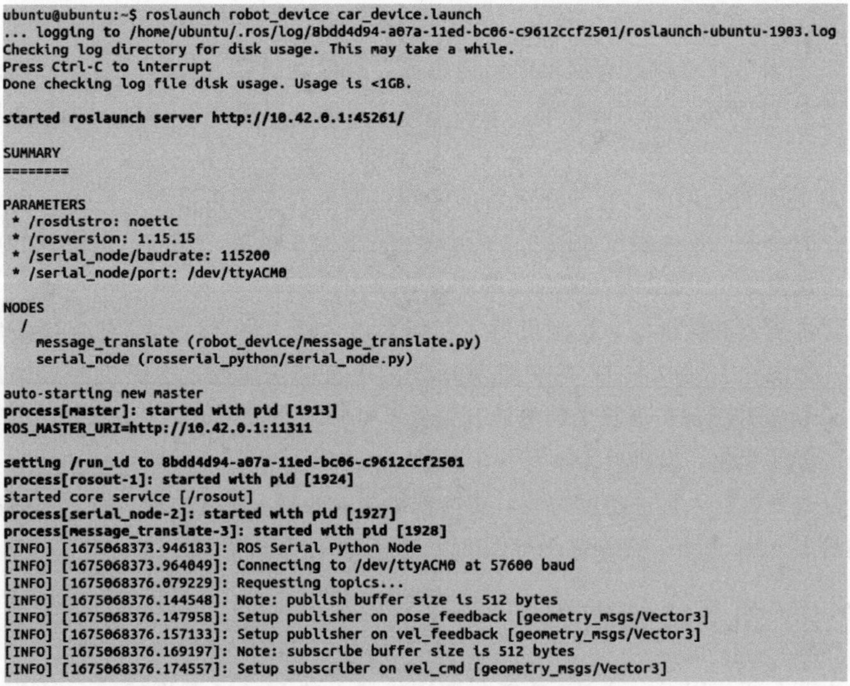

图 6.12 设备节点启动成功显示示例

第 6 章　激光 SLAM 自主导航

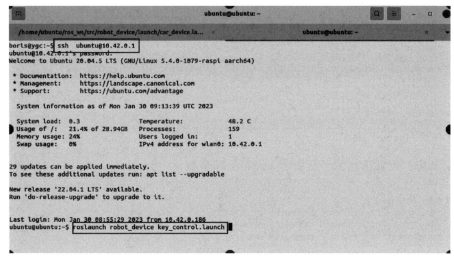

图 6.13　启动键盘服务节点操作示例

图 6.14　键盘服务节点启动成功显示示例

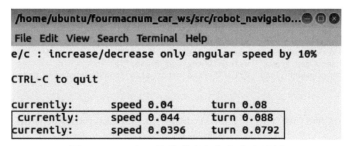

图 6.15　SLAM 导航程序包包含内容示例

为掌握接口的使用方法，并基于接口实现相应的功能。故本节不对算法进行详细介绍，重点介绍建图启动文件的参数配置过程和实践过程。

(1) 参数配置

```
<!-- car start -->
<include file="$(find robot_device)/launch/car_device.launch" />
```

参数：ros_ws\src\robot_device\launch\ car_device.launch

功能：底盘的启动

```
<!-- lidar start -->
<include file="$(find delta_lidar)/launch/delta_lidar.launch" />
```

137

参数：ros_ws\src\delta_lidar\launch\ delta_lidar.launch

功能：雷达的启动

```xml
<node pkg="laser_filters" type="scan_to_scan_filter_chain" name="laser_filter" output="screen">
  <rosparam command="load" file="$(find robot_device)/config/laser_config.yaml" />
</node>

<node pkg="tf" type="static_transform_publisher"
  name="lidar_base_tf"
  args="0 0.015 0.175 3.1415 0 0 base_link laser 100">
</node>
```

功能：设置雷达的屏蔽范围及 TF 坐标参数

```xml
<!-- Arguments -->
<arg name="base_frame" default="base_link"/>
<arg name="odom_frame" default="odom"/>
<arg name="map_frame"  default="map"/>
```

参数：base_link（机器人坐标 frame）

　　　odom（里程计坐标系 frame 名）

　　　map（虚拟世界的固定 frame 名）

功能：设置三个 frame 的具体值，它们作为 Gmapping 的参数值

```xml
<!-- Gmapping -->
<node pkg="gmapping" type="slam_gmapping" name="gmapping" output="screen">
  <remap from="/scan" to="/scan_filtered" />
  <param name="base_frame" value="$(arg base_frame)"/>
  <param name="odom_frame" value="$(arg odom_frame)"/>
  <param name="map_frame"  value="$(arg map_frame)"/>
  <rosparam command="load" file="$(find robot_slam)/config/gmapping_params.yaml" />
</node>
```

参数：ros_ws\src\robot_slam\config\ gmapping_params.yaml

功能：设置 Gmapping 的坐标系及相关参数

现在，SLAM 功能已经就绪！

(2) 实践过程

① 搭建一个实际场景，便于建立地图。图 6.16 是测试训练场景。

② 将 Arduino 程序下载到移动机器人控制板中。

③ 远程连接树莓派，并启动小车、雷达、Gmapping，具体操作如图 6.17 所示。

按下回车键后，等待启动。出现如图 6.18 所示内容即启动成功。

④ 打开一个新的终端，在新终端中输入 rviz，启动可视化界面。然后按下键盘的 Ctrl＋O 组合键，鼠标左键双击 robot_slam.rviz 即显示正在构建的地图，如图 6.19 所示。

⑤ 启用键盘服务。打开新的终端，按图 6.20 所示进行操作。

图 6.16 训练场景

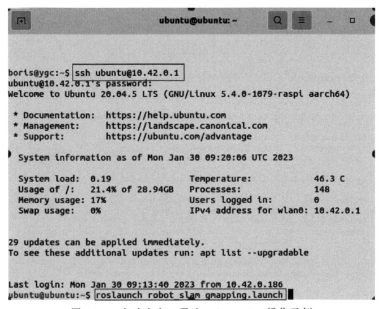

图 6.17 启动小车、雷达、Gmapping 操作示例

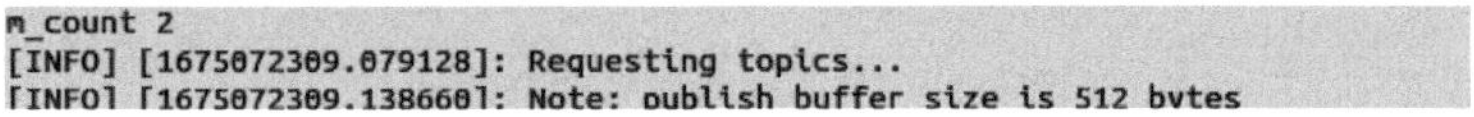

图 6.18 文件启动成功显示示例

⑥ 鼠标左键单击输入 roslaunch robot_device key_control.launch 命令的终端，激活此终端。尝试按下键盘上相应的按键，控制小车运动，直到地图构建完成，建图效果如图 6.21 所示。

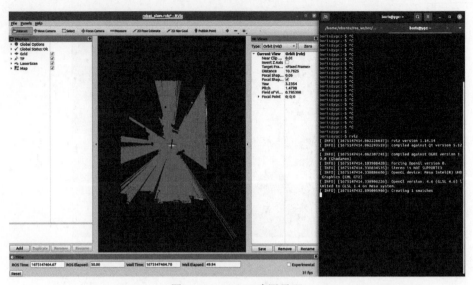

图 6.19　SLAM 建图界面

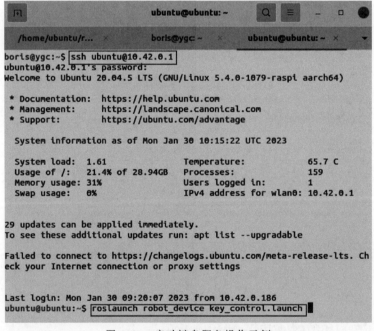

图 6.20　启动键盘服务操作示例

⑦ 保存地图。

鼠标左键单击输入 roslaunch robot_device key_control.launch 命令的终端，接着在当前终端打开一个新的终端，在新终端中远程连接树莓派，进入地图保存文件夹。具体操作如图 6.22 所示。

第 6 章 激光 SLAM 自主导航

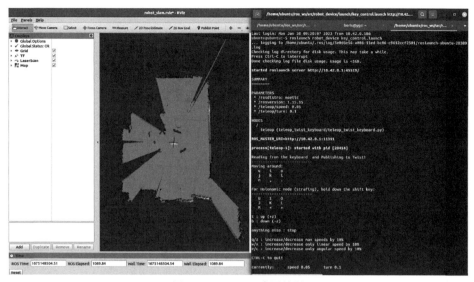

图 6.21　SLAM 建图效果

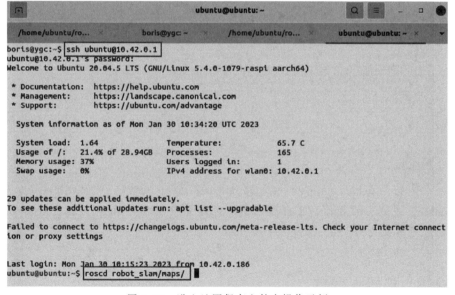

图 6.22　进入地图保存文件夹操作示例

按下回车键后，等待程序启动，出现如图 6.23 所示内容即启动成功。

保存地图，按照图 6.24 所示进行操作即可。

按下回车键后，界面显示如图 6.25 所示内容即表示地图保存成功。

其中，map_server 是一个和地图相关的功能包，它可以将已知地图发布出来，供导航和其他功能使用，也可以保存 SLAM 建立的地图。

141

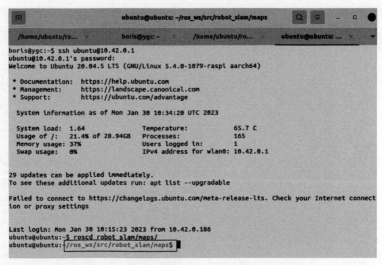

图 6.23 进入地图保存文件夹成功显示示例

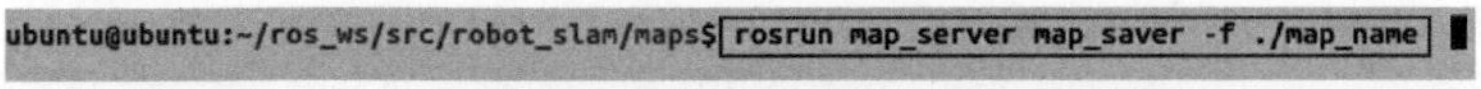

图 6.24 保存地图操作示例

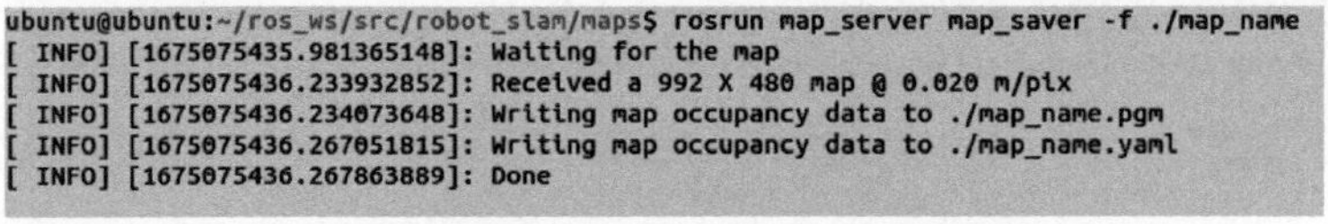

图 6.25 键盘服务节点运行成功的操作示例

> **注意：**
> 命令 "rosrun map_server map_saver-f. /map_name" 中最后的 "map_name" 是地图的名称，可自行命名。地图文件通常为 pgm 格式，地图的描述文件通常为 yaml 格式。

6.2.3 机器人导航

对机器人底盘及导航功能包集进行配置并进行导航的过程，必须为每一个机器人平台创建相应组件，包括配置底盘本身的 TF 坐标信息、底盘的里程、激光雷达数据、SLAM 建好的地图，具体实现过程如下。

(1) "探索者" 机器人的参数配置

① 配置坐标（TF）。

导航包使用 TF 来确定机器人在地图中的位置，并建立传感器数据与静态地图的联系。配置 TF 主要分成两步：第一步将雷达的 TF 与底盘的 TF 进行绑定；第二步将绑定后的底盘 TF 发送给世界坐标。

底盘使用基于右手定则建立的坐标系，如图 6.26 所示。

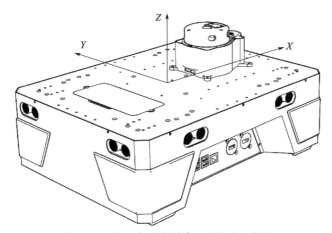

图 6.26 基于右手定则建立的底盘坐标系

ROS 功能包，都要求利用 TF 软件库，以机器人识别的变换树的形式进行发布。抽象层面上，变换树其实就是一种"偏移"，代表不同坐标系之间的变换和旋转。更具体来说，设想一个简单的机器人，只有一个基本的移动机体和挂在机体上方的扫描仪。基于此，定义两个坐标系：一个对应底盘中心的坐标系，另一个对应雷达中心的坐标系，分别取名为"base_link"和"laser"。这两个坐标系建立起的关系如图 6.27～图 6.29 所示。

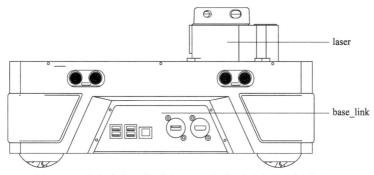

图 6.27 底盘中心坐标系 base_link 与雷达中心坐标系 laser

设定底盘 TF 坐标为 (0, 0, 0)，从图 6.29 可知雷达相对底盘的 TF 坐标为 (0, 0.015, 0.175)。需要注意的是，雷达默认的 X 方向与底盘相差 90°，配置时需设定雷达坐标系绕 Z 轴旋转 $-90°$（以顺时针方向为"负"）。配置文件的路径为：ros_ws\src\robot_navigation\launch\robot_navigation.launch。

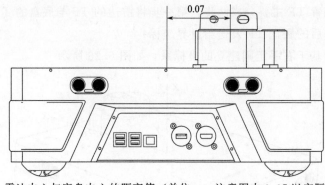

图 6.28 雷达中心与底盘中心的距离值（单位 m，注意图中 0.07 以实际搭建为准）

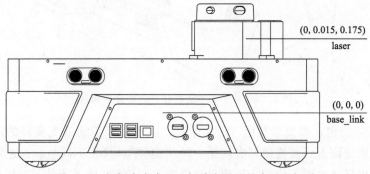

图 6.29 根据底盘中心坐标确定雷达的中心坐标系

配置程序如下：

```
<node pkg="tf" type="static_transform_publisher"
  name="lidar_base_tf"  args="0 0.015 0.175 3.1415 0 0 base_link laser 100">
</node>
```

结合底盘解释上述参数的含义如下：

- node pkg＝"tf"：表示包名。
- type＝"static_transform_publisher"：表示类型。最常使用的是 tf 包中的 static_transform_publisher，它既可在命令行直接运行，也可写在 launch 文件中配置坐标转换关系。
- name＝"lidar_base_tf"：表示名称自定，便于理解。
- args＝"0 0.015 0.175 3.1415 0 0 base_link laser 100"：分别表示 tf 参数 x、y、z、yaw、pitch、roll、frame_id、child_frame_id、period_in_ms

表 6.5 是针对 args 参数的详细解释。

表 6.5 args 参数解释

args 参数	含义	底盘的
x y z	分别代表相应轴的平移，单位是米(m)	由图 6.27 中雷达与底盘的关系可得 0.07 0 0

续表

args 参数	含义	底盘的
yaw pitch roll	分别代表绕 Z、Y、X 三个轴的转动，单位是弧度（rad）	本实验中将三元素改为欧拉角，即将（0 0 87）转换为欧拉角的表达方式（0 0 0.688 0.725）。注意，x 值为 87 的含义为：当雷达由默认的 X 轴方向转动到与底盘一致的 X 方向时，正常应该转动 90°，但这里实际安装雷达时引起了误差，转动 87°就可以了
frame_id child_frame_id	坐标系变换中的父坐标系，child_frame_id 为坐标系变换中的子坐标系	本实验父坐标系为：base_link；子坐标系为：laser
period_in_ms	发布频率，单位为毫秒（ms）。通常取 100	本实验发布频率为 100

最后，把坐标系关系添加到转换树（transform tree）中，其文件路径为：ros_ws\src\robot_device\scripts\message_translate.py。

关键代码如下：

```
quat=tf.transformations.quaternion_from_euler(0,0,last_a)
tf_broadcaster.sendTransform((last_x,last_y,0.),quat,rospy.Time.now(),
base_frame,odom_frame)
```

② 激光雷达数据（LaserScans）。

激光雷达数据的配置文件在\ros_ws\src\robot_device\config\laser_config.yaml 路径下，关键代码如下：

```
scan_filter_chain:
-name:box
  type:laser_filters/LaserScanBoxFilter
  params:
    box_frame:laser
    min_x:-0.1175
    max_x:0.1175
    min_y:-0.135
    max_y:0.137
    min_z:-1.0
    max_z:1.0

#car size
  # length:0.215
  # width:0.252
```

该段代码主要是设置雷达的坐标系、雷达的载体底盘的长度和宽度。

③ 发布里程计信息（odometry source）。

nav_msgs/Odometry 消息保存了机器人空间里评估的位置和速度信息。TF 发布 Odometry 变换数据，在上位机 ROS 中通过节点（message_translate）订阅，配置文件路径为：ros_ws\src\robot_device\scripts\message_translate.py。

关键代码及解释如下：

```
rospy.init_node("message_translate")    #代表初始化节点
rospy.Subscriber('/cmd_vel',Twist,callBack1)    #代表订阅键盘发布的速度话题；
rospy.Subscriber('/pose_feedback',Vector3,callBack2)    #代表订阅下位机发
                                                布的底盘里程话题
rospy.Subscriber('/vel_feedback',Vector3,callBack3)    #代表订阅下位机发
                                                布的速度反馈话题
```

里程（Odometry）变换在下位机中完成，发布里程信息的话题（pose_feedback）及速度信息的话题（vel_feedback），配置文件路径为：ros_ws\src\Arduino_Programs\Arduino_Programs.ino。

关键代码如下：

代码一：发布底盘当前速度话题"vel_feedback"及里程"pose_feedback"话题。

```
geometry_msgs::Vector3 pose_message;
ros::Publisher pose_feedback_pub("pose_feedback",&pose_message);
geometry_msgs::Vector3 vel_message;
ros::Publisher vel_feedback_pub("vel_feedback",&vel_message);
```

代码二：底盘里程计算核心代码部分。

```
void XYRead()
{
  static long step_count[4]={0,0,0,0};
  static long d_step[4]={0,0,0,0};
  static unsigned long last_time=micros();
  static long tt=0;
  d_step[0]=stepperx.currentPosition()-step_count[0];
  d_step[1]=steppery.currentPosition()-step_count[1];
  d_step[2]=stepperz.currentPosition()-step_count[2];
  d_step[3]=steppera.currentPosition()-step_count[3];
  step_count[0]=stepperx.currentPosition();
  step_count[1]=steppery.currentPosition();
  step_count[2]=stepperz.currentPosition();
  step_count[3]=steppera.currentPosition();
```

```
#ifdef DEBUG
    for(int i=0;i<4;i++){Serial.print(d_step[i]);Serial.print(" | ");}
Serial.println();
#endif

    if((d_step[0]|d_step[1]|d_step[2]|d_step[3])==0){
      last_time=micros();
      current_vx=0;
      current_vy=0;
      current_va=0;
      return;
    }
    else{
      float xx=(d_step[0]/ROOT_OF_TWO+d_step[1]/ROOT_OF_TWO+d_step[2]/ROOT_OF_TWO+d_step[3]/ROOT_OF_TWO)/4.0*V1Ratio/forward_constant;
      float yy=(d_step[1]/ROOT_OF_TWO+d_step[2]/ROOT_OF_TWO-d_step[0]/ROOT_OF_TWO-d_step[3]/ROOT_OF_TWO)/4.0*V1Ratio/forward_constant;
      float da=(d_step[1]+d_step[3]-d_step[0]-d_step[2])/4.0*V1Ratio/(turn_constant);
      float dt=(micros()-last_time)/1000000.0;
      float dx=(xx*cos(current_a)-yy*sin(current_a));
      float dy=(xx*sin(current_a)+yy*cos(current_a));
      current_x+=dx;
      current_y+=dy;
      current_a+=da;
      current_vx=xx/dt;
      current_vy=yy/dt;
      current_va=da/dt;
      last_time=micros();

#ifdef DEBUG
      Serial.print("odom:");Serial.println(d_step[1]+d_step[3]-d_step[0]-d_step[2],6);
      Serial.print("vx:");Serial.println(current_vx,6);
      Serial.print("vy:");Serial.println(current_vy,6);
      Serial.print("va:");Serial.println(current_va,6);
      Serial.print("ox:");Serial.println(current_x,6);
      Serial.print("oy:");Serial.println(current_y,6);
```

```
    Serial.print("oa:");Serial.println(current_a,6);
    #endif
  }
}
```

④ 基座控制器 (base controller)。

假定导航功能包集可以通过话题 "cmd_vel" 发布 geometry_msgs/Twist 类型的消息, 这个消息基于底盘的基座坐标系并传递运动命令, 则必须有一个节点订阅 "cmd_vel" 话题, 将该话题上的速度命令 (vx, vy, vtheta) 转换为电机命令 (cmd_vel.linear.x, cmd_vel.linear.y, cmd_vel.angular.z) 发送给底盘。相关文件路径为: ros_ws\src\robot_device\scripts\message_translate.py。

关键代码如下:

```
rospy.Subscriber('/cmd_vel', Twist, callBack1)
rospy.Subscriber('/pose_feedback', Vector3, callBack2)
rospy.Subscriber('/vel_feedback', Vector3, callBack3)

vel_cmd_pub = rospy.Publisher('/vel_cmd', Vector3, queue_size=5)
```

其中, 回调函数 callBack1 内容如下:

```
def callBack1(value):
 message = Vector3(value.linear.x,value.linear.y,value.angular.z)
 print("message:%f  %f  %f"%(value.linear.x,value.linear.y,value.angular.z))
 vel_cmd_pub.publish(message)
```

下位机订阅 /vel_cmd, 并在回调函数中处理速度 (下位机程序地址: ros_ws\src\Arduino_Programs\Arduino_Programs.ino)。

```
void messageCb(const geometry_msgs::Vector3& vel_cmd){XYSetVel(vel_cmd.x,vel_cmd.y,vel_cmd.z);}ros::Subscriber<geometry_msgs::Vector3>vel_cmd_sub("vel_cmd",&messageCb);
```

⑤ 地图 (map_server)。

导航包使用 AMCL 算法, 只负责定位, 不负责建图。此处使用 6.2.2 节建好的地图。

(2) 导航功能包集配置

① 创建一个软件包。

该软件包用来保存所有的配置文件和启动文件, 需要包含所有用于实现机器人配置所述的依赖。此处已做好一个导航功能包, 在 home 目录下的 ros_ws 文件夹内。

② 配置机器人启动文件。

该配置文件用来启动所有的硬件以及发布机器人所需的 TF, 主要包括底盘配置、雷达启动文件。底盘配置文件路径为: ros_ws\src\robot_device\launch\car_device.launch。关键代码如下:

程序块一：

```xml
<node pkg="rosserial_python" type="serial_node.py" name="serial_node" output="screen">
    <param name="port" type="string" value="/dev/ttyACM0" />
    <param name="baudrate" type="int" value="115200" />
</node>
```

这里表示启动上位机与下位机通信节点。通过 Rosserial 包中的 serial_node.py 文件使上、下位机相互通信。

程序块二：

```xml
<node pkg="teleop_twist_keyboard" type="teleop_twist_keyboard.py" name="teleop" output="screen">
    <param name="speed" value="0.05" type="double"/>
    <param name="turn" value="0.1" type="double"/>
</node>
```

这里表示启动键盘服务节点。通过 teleop_twist_keyboard 包中的 teleop_twist_keyboard.py 文件实时获取键盘发送的速度指令。

程序块三：

```xml
<node pkg="robot_device" type="message_translate.py" name="message_translate"/>
```

这里主要是启动底盘与 odom 的 TF 变换以及底盘订阅下位机（mega 2560）相关话题。

雷达的配置内容直接写到导航启动的 launch 文件里，文件路径为：ros_ws\src\delta_lidar\launch\ delta_lidar.launch。此文件代码如下：

```xml
<?xml version="1.0" ?>
<launch>
    <!-- <node name="delta_lidar"    pkg="delta_lidar"  type="delta_lidar_node" output="screen"> -->
    <node name="delta_lidar"    pkg="delta_lidar"  type="delta_lidar_node">
    <param name="serial_port"          type="string" value="/dev/ttyUSB0"/>
    <param name="frame_id"             type="string" value="laser"/>
    </node>
</launch>
```

这里主要是开启雷达模块节点。

③ 配置代价地图。

导航功能包集需要两幅代价地图来保存世界中的障碍物信息，一幅代价地图用于在整个环境中创建长期的路径规划，另一幅代价地图用于局部路径规划与避障。有些参数两幅地图都需要，而有些则各不相同。因此，对于代价地图，有三个配置项：common 配置项、global 配置项和 local 配置项。

a. common 配置项主要完成代价地图（costmap）的配置。导航功能包集使用代价地图存储障碍物信息。为了使这个过程更合理，需要指出要监听的传感器的话题，以更新数据。原文路径为：ros_ws\src\robot_navigation\config\ costmap_common_params.yaml。

配置文件如下,对关键参数做了详细的介绍。

```
#---standard pioneer footprint---
#---(in meters)---
# car size
  # length:0.215    0.1075
  # width:0.252    0.126

footprint:[[-0.146,-0.1275],[-0.146,0.1275],[0.146,0.1275],[0.146,-0.1275] ] #小车模型的尺寸大小(根据小车实际大小修改,并且需要比实际略大,防止碰撞)
footprint_padding:0.00

transform_tolerance:0.5    #可以忍受的最大延时
map_type:costmap

always_send_full_costmap:true    #用于设置是否在每次更新时发送完整的成本地图,而不是对成本地图进行更新

obstacle_layer:        #障碍地图层,用于动态地记录传感器感知的障碍物信息,用于路径规划和避障
  enabled:true
  obstacle_range:5.0    #检测 5m 以内的障碍
  raytrace_range:6.0    #清除 6m 以外的数据
  inflation_radius:0.2    #设置代价地图膨胀半径。以机器人为中心、膨胀半径为此数值内不能有障碍物出现
  track_unknown_space:false  #避免机器人走到未知区域,设置为 true 表示开启此功能
##如果设置为 false,那么地图上代价值就只分为致命碰撞和自由区域两种;如果设置为 true,那么就分为致命碰撞、自由区域和未知区域三种
  #假如该参数设置为 false,就意味着地图上的未知区域也会被认为是可以自由移动的区域,这样在进行全局路径规划时,可以把一些未探索的未知区域用来参与到路径规划,如果需要这样,就将该参数设置为 false。不过一般情况下,未探索的区域不应该当作可以自由移动的区域,因此一般将该参数设置为 true
  combination_method:1  #只能设置为 0 或 1,用来更新地图上的代价值,一般设置为 1;
  # observation_sources:laser_scan_sensor
  # laser_scan_sensor:{data_type:LaserScan,topic:scan,marking:true,clearing:true}
  observation_sources:laser_scan_sensor
  laser_scan_sensor:{sensor_frame:laser,data_type:LaserScan,topic:scan_filtered,marking:true,clearing:true}
```

＃＃在膨胀期间应用于代价值的尺度因子

＃默认值:10。对在内接半径之外的cells以及在内接半径之内的cells这两种不同的cells,代价函数的计算公式为:

＃exp(-1.0 * cost_scaling_factor * (distance_from_obstacle-inscribed_radius)) * (costmap_2d::INSCRIBED_INFLATED_OBSTACLE-1)

  inflation_layer: ＃膨胀层,在以上两层地图进行膨胀,以避免机器人撞上障碍物,用于路径规划

    enabled: true

    cost_scaling_factor: 10.0 # exponential rate at which the obstacle cost drops off(default:10)

    inflation_radius: 0.2 # max.distance from an obstacle at which costs are incurred for planning paths

＃机器人膨胀半径,如设置为0.3,意味着规划的路径距离在0.3m以上,这个参数理论上越大越安全,但是会导致无法穿过狭窄的地方

  static_layer:＃static_layer:静态地图层,基本不变的地图层,通常都是SLAM建图完成的静态地图,用于路径规划

    enabled: true

    map_topic: "/map"

  b. 全局配置（global_costmap）用来存储特定的全局代价地图配置选项的文件。文件路径为：ros_ws\src\robot_navigation\config\global_costmap_params.yaml。

  配置文件如下：

```
global_costmap:
  update_frequency: 5.0
  publish_frequency: 5.0
  static_map: true

  plugins:
    - {name: static_layer,        type: "costmap_2d::StaticLayer"}
    - {name: obstacle_layer,      type: "costmap_2d::ObstacleLayer"}
    - {name: inflation_layer,     type: "costmap_2d::InflationLayer"}
```

  "update_frequency"参数决定了代价地图更新的频率。"publish_frequency"参数决定了代价地图发布可视化信息的频率。"static_map"参数决定了代价地图是否根据map_server提供的地图初始化。如果不使用现有的地图,可将其设为false。

  c. 本地配置（local_costmap）存储特定的本地代价地图配置选项的文件。原文件路径为：ros_ws\src\robot_navigation\config\local_costmap_params.yaml。

  配置文件如下：

```
local_costmap:
  update_frequency: 5.0
  publish_frequency: 5.0
  static_map: false
  rolling_window: true
  width: 3.0
  height: 3.0
  resolution: 0.02    #分辨率要与使用地图YAML文件中描述的分辨率一致

  plugins:
   - {name: obstacle_layer,       type: "costmap_2d::ObstacleLayer"}
   - {name: inflation_layer,      type: "costmap_2d::InflationLayer"}
```

"update_frequency""static_map""publish_frequency"参数与全局配置意义相同。将"rolling_window"参数设置为true，意味着随着机器人在现实世界里移动，代价地图会保持以机器人为中心。"width""height""resolution"参数分别设置局部代价地图的宽度（米）、高度（米）和分辨率（米/单元）。注意，这里的分辨率和自己的静态地图的分辨率可能不同，但通常把它们设成一样的。

④ 路径规划的配置。

负责根据全局路径规划计算速度命令并发送给机器人基座，需要根据机器人规格配置一些选项使其正常启动与运行。原文件路径为：ros_ws\src\robot_navigation\config\teb_local_planner_params.yaml。

文件及关键参数解释如下：

```
TebLocalPlannerROS:
odom_topic:odom
# Trajectory
teb_autosize:True
dt_ref:0.3    #轨迹的所需时间分辨率
dt_hysteresis:0.1    #根据当前的时间分辨率自动调整大小的延迟，通常约为0.1。建议使用10%的dt_ref
max_samples:500 #最大样本数
global_plan_overwrite_orientation:True #覆盖全局规划器提供的局部子目标的方向
allow_init_with_backwards_motion:False # 如果为真，则底层轨迹可能会用向后运动初始化，以防目标在本地代价地图中落后于起点
max_global_plan_lookahead_dist:1.5 #指定考虑优化的全局计划子集的最大长度（累积欧氏距离）。实际长度则由局部成本图大小和这个最大界限的逻辑结合决定。设置为零或负数以取消激活此限制
global_plan_viapoint_sep:－1    #如果为正，则从全局计划中提取过孔点（路径跟踪模式）。该值决定了参考路径的分辨率（全局计划中每两个连续的过孔点之间的最小间隔，如果为负值：禁用）。调整强度参考参数weight_viapoint
global_plan_prune_distance:1
```

exact_arc_length:False #如果为真,则规划器在速度、加速度和转弯率计算中使用精确的弧长(->增加的 cpu 时间),否则使用欧几里得近似值
feasibility_check_no_poses:4 #指定在每个采样间隔应检查预测计划的可行性
publish_feedback:False #发布包含完整轨迹和活动障碍列表的规划器反馈(仅在评估或调试时启用)

Robot
max_vel_x:0.2 #机器人的最大平移加速度(m/s)
max_vel_x_backwards:0.2 #机器人向后行驶时的最大绝对平移速度,以 m/s 为单位
max_vel_y:0.1 #机器人的最大左右平移速度
max_vel_theta:0.4 #机器人的最大角速度(rad/s)
acc_lim_x:0.05 #机器人的最大线加速度,单位为 rad/s^2
acc_lim_y:0.05 #机器人最大左右平移线加速度
acc_lim_theta:0.05 #机器人的最大角加速度
min_turning_radius:0.0 # diff-drive robot(can turn on place!)#类车机器人的最小转弯半径

#机器人模型表示
footprint_model:
  type:"polygon"
  vertices:[[-0.146,-0.1275],[-0.146,0.1275],[0.146,0.1275],[0.146,-0.1275]]

GoalTolerance
xy_goal_tolerance:0.08 #表示接近目标允许的误差(m)
yaw_goal_tolerance:0.1 #以弧度为单位的允许最终方向误差
free_goal_vel:False #去除目标速度约束,使机器人能够以最大速度到达目标
complete_global_plan:True

Obstacles
min_obstacle_dist:0.1 #与障碍物的最小期望间隔(m)
This value must also include our robot radius,since footprint_model is set to "point".
obstacle_association_force_inclusion_factor:1.0
obstacle_association_cutoff_factor:10.0
inflation_dist:0.4 #惩罚成本非零的障碍物周围的缓冲区
include_costmap_obstacles:True #指定是否应考虑本地代价地图的障碍。标记为障碍物的每个单元格都被视为点障碍物。因此,不要选择非常小的成本图分辨率,因为它会增加计算时间
costmap_obstacles_behind_robot_dist:1 #限制在规划机器人后方时考虑到的占用

的局部代价地图障碍物(m)

　　obstacle_poses_affected:15 #每个障碍物位置都附加到轨迹上最近的姿势以保持距离

　　dynamic_obstacle_inflation_dist:0.6

　　include_dynamic_obstacles:True　#如果此参数设置为true,则在优化过程中通过恒速模型预测和考虑具有非零速度的障碍物的运动

　　costmap_converter_plugin:"" #定义插件名称以便将成本图单元格转换为点/线/多边形。设置一个空字符串以禁用转换,以便所有单元格都被视为点障碍

　　costmap_converter_spin_thread:True #如果设置为true,costmap转换器将在不同的线程中调用其回调队列

　　costmap_converter_rate:5　#定义costmap_converter插件处理当前成本图的频率的速率(该值不应比成本图更新率高很多)(Hz)

　　# Optimization
　　no_inner_iterations:5　#每次外循环迭代中调用的实际求解器迭代次数

　　no_outer_iterations:4　#每次外循环迭代都会根据所需的时间分辨率dt_ref自动调整轨迹的大小,并调用内部优化器(执行no_inner_iterations)。因此,每个规划周期内求解器迭代的总数是这两个值的乘积

　　optimization_activate:True #参数弃用

　　optimization_verbose:False　#参数弃用

　　penalty_epsilon:0.1　#此项为速度等约束提供类似膨胀层的缓冲效果。接近限速将产生一定的惩罚值

　　obstacle_cost_exponent:4　#参数弃用

　　weight_max_vel_x:2 #满足最大允许平移速度的优化权重

　　#weight_max_vel_y:2

　　weight_max_vel_theta:1 #满足最大允许角速度的优化权重

　　weight_acc_lim_x:1 #满足最大允许平移加速度的优化权重

　　weight_acc_lim_y:1

　　weight_acc_lim_theta:1　#满足最大允许角加速度的优化权重

　　weight_kinematics_nh:1000 #满足非完整运动学的优化权重(该参数必须很高,因为运动学方程构成等式约束,即使值为1000也不意味着矩阵条件不好,因为与其他成本相比,"原始"成本值较小)

　　weight_kinematics_forward_drive:2 #强制机器人仅选择前向(正平移速度)的优化权重。较小的重量(如1.0)仍然允许向后行驶。大约1000的值几乎可以防止向后行驶(但不能保证)

　　weight_kinematics_turning_radius:1 #执行最小转弯半径的优化权重(仅适用于类

车机器人)

weight_optimaltime:1 # must be > 0 大幅提高 weight_optimaltime(最优时间权重)。该值为 3～5 时,车辆在直道上快速加速,并靠近路径边缘沿切线过弯

weight_shortest_path:0 # 参数弃用

weight_obstacle:50 # 与障碍物保持最小距离的优化权重

weight_inflation:0.1 # 通货膨胀惩罚的优化权重(该值应该很小)

weight_dynamic_obstacle:10 # 参数弃用

weight_dynamic_obstacle_inflation:0.2 # 参数弃用

weight_viapoint:1 # 用于最小化到过孔点(resp. reference path)的距离的优化权重

weight_adapt_factor:2 # 一些特殊权重(当前为 weight_obstacle)在每个外部 TEB 迭代中重复按此因子缩放(weight_new=weight_old * factor)。迭代地增加权重而不是先验地设置一个巨大的值,会出现底层优化问题的更好数值条件

Homotopy Class Planner

enable_homotopy_class_planning:False # 在不同的拓扑中激活并行规划(需要更多的 CPU 资源,因为同时优化了多个轨迹)

enable_multithreading:True # 激活多线程以在不同线程中规划每个轨迹

max_number_classes:1 # 指定考虑的不同轨迹的最大数量(限制计算量)

selection_cost_hysteresis:1.0 # 指定新候选者必须具有多少轨迹成本才能被选中

selection_prefer_initial_plan:0.9 # 参数弃用

selection_obst_cost_scale:100.0 # 仅用于选择"最佳"候选者的障碍成本项的额外缩放

selection_alternative_time_cost:False # 通过点成本项的额外缩放仅用于选择"最佳"候选者

roadmap_graph_no_samples:15 # 指定为创建路线图生成的样本数

roadmap_graph_area_width:6 # 随机关键点/路点在起点和目标之间的矩形区域中采样。以米(m)为单位指定该区域的宽度

roadmap_graph_area_length_scale:1.0 # 参数弃用

h_signature_prescaler:1.0 # 用于区分同类的尺度内部参数(H-signature)。警告:仅减小此参数,如果观察到局部成本地图中障碍物过多的问题,请不要将其选得太低,否则无法区分障碍物(0.2<值<=1)

h_signature_threshold:0.1 # 如果实部和复部的差均低于指定阈值,则假定两个 h 签名相等

obstacle_heading_threshold:1.0 # 指定障碍物航向和目标航向之间标量积的值,以便将它们(障碍物)考虑在内进行探索

switching_blocking_period:0.0 # 指定在允许切换到新的等价类之前需要过期的持续时间(s)

```
viapoints_all_candidates:True    #如果为真,则不同拓扑的所有轨迹都附加到一组通过
点,否则只有与初始/全局计划共享相同拓扑的轨迹与它们连接(对 test_optim_node 没有影响)
    delete_detours_backwards:True              #参数弃用
    max_ratio_detours_duration_best_duration:3.0    #参数弃用
    visualize_hc_graph:False                   #可视化为探索独特轨迹而创建的
                                                图形(检查 rviz 中的标记消息)
    visualize_with_time_as_z_axis_scale:False  #参数弃用

    # Recovery
    shrink_horizon_backup:True                 #允许计划者在自动检测到问题
(如不可行性)的情况下暂时缩小范围(50%)。另见参数 shrink_horizo    n_min_duration
    shrink_horizon_min_duration:10             #指定缩小地平线的最短持续时
                                                间,以防检测到不可行的轨迹
    oscillation_recovery:True                  #参数弃用
    oscillation_v_eps:0.1                      #参数弃用
    oscillation_omega_eps:0.1                  #参数弃用
    oscillation_recovery_min_duration:10       #参数弃用
    oscillation_filter_duration:10             #参数弃用
```

⑤ AMCL 配置（amcl）。

AMCL 有多个配置选项，将影响定位的性能。原文件路径为：\fourmac-num_car_ws\src\four_macnum_navigation\launch\amcl.launch。

关键参数说明如下：

```
    use_map_topic:true      #当设置为 true 时,AMCL 将订阅地图主题而不是调用服务
                             来接收其地图
    first_map_only:true     #当设置为 true 时,AMCL 将只使用它订阅的第一幅地图,
                             而不是在每次收到新地图时更新


    ## Publish scans from best pose at a max of 10 Hz
    gui_publish_rate:5.0    #为可视化发布扫描的最大速率(Hz),-1.0 表示禁用
    laser_max_beams:60      #更新过滤器时,每次扫描中使用多少个均匀分布的光束
    laser_max_range:5.0     #要考虑的最大扫描范围;-1.0 将导致使用激光报告的最大
                             射程
    min_particles:500       #允许的最小粒子数,默认 100
    max_particles:2000      #允许的最大粒子数,默认 5000
    kld_err:0.01
    kld_z:0.99
    odom_alpha1:0.4         #机器人旋转分量运动噪声 0.4
```

```
odom_alpha2:0.4              #机器人横向分量运动噪声 0.2
odom_alpha3:0.4              #机器人纵向分量运动噪声 0.2
odom_alpha4:0.8              #机器人斜角方向上的运动噪声机器人
odom_alpha5:0.1              #适当的参数可提高定位精度与鲁棒性
laser_z_hit:0.8              #模型的 z_hit 部分的混合权重。source_data:0.8
laser_z_short:0.1
laser_z_max:0.05
laser_z_rand:0.2
laser_sigma_hit:0.2
laser_lambda_short:0.1
laser_model_type:"likelihood_field"  # "likelihood_field" or "beam"
#2022-8-25 source_data:
likelihood_field
laser_likelihood_max_dist:2.0
update_min_d:0.1
update_min_a:0.05

resample_interval:1

## Increase tolerance because the computer can get quite busy
transform_tolerance:0.5
recovery_alpha_slow:0.001
recovery_alpha_fast:0.1
```

⑥ 为导航功能包创建 Launch 启动文件。

最后，将上述所有配置文件放在一个启动文件中。原文件路径为：ros_ws\src\robot_navigation\launch\robot_navigation.launch。

关键代码及说明如下：

```
<!--car start-->
<include file="$(find robot_device)/launch/car_device.launch">
```

功能：启动小车。

```
<!--lidar start-->
<include file="$(find delta_lidar)/launch/delta_lidar.launch">
```

功能：启动雷达。

```
<node pkg="laser_filters" type="scan_to_scan_filter_chain" name="laser_filter" output="screen">
    <rosparam command="load" file="$(find robot_device)/config/laser
```

```xml
_config.yaml"/>
    </node>
```

功能：这里主要是启动雷达屏蔽区域。由于雷达安装于底盘上方，且屏幕也安装于底盘上方，为了防止屏幕对雷达数据造成影响，故这里需要启动屏蔽雷达相应干扰区域功能。

```xml
<node pkg="tf" type="static_transform_publisher"
    name="lidar_base_tf"
    args="0 0.015 0.175 3.1415 0 0 base_link laser 100">
</node>
```

功能：这里主要是发布雷达与底盘的 TF 关系变换，具体可参考"配置 TF"小节。

```xml
<arg name="base_frame" default="base_link"/>
<arg name="odom_frame" default="odom"/>
<arg name="map_frame" default="map"/>
```

参数：base_link（机器人坐标 frame）
　　　odom（里程计坐标系 frame 名）
　　　map（虚拟世界的固定 frame 名）

功能：设置三个 frame 的具体值，它们作为 acml、move_base 的参数值。

```xml
<arg name="map_file" default="$(find robot_slam)/maps/map.yaml"/>

<node pkg="map_server" name="map_server" type="map_server" args="$(arg map_file)"/>
```

功能：加载地图文件并设置 map_server 的参数。只需要修改 default 的参数即可。其中，default="$(find robot_slam)/maps/map.yaml"，map.yaml 代表 SLAM 生成的地图文件名，ros_ws\src\robot_slam\maps 代表此地图文件所在的目录。

```xml
<node pkg="amcl" type="amcl" name="amcl" output="screen">
    <remap from="/scan" to="/scan_filtered"/>
    <rosparam file="$(find robot_navigation)/config/amcl.yaml" command="load"/>
    <param name="odom_model_type" value="omni"/>
    <param name="base_frame_id" value="$(arg base_frame)"/>
    <param name="odom_frame_id" value="$(arg odom_frame)"/>
    <param name="global_frame_id" value="$(arg map_frame)"/>
    <param name="initial_pose_x" value="0.0"/>
    <param name="initial_pose_y" value="0.0"/>
```

```xml
            <param name="initial_pose_a" value="0.0"/>
    </node>
```

功能：配置 amcl 包的参数。

```xml
<node pkg="move_base" type="move_base" respawn="false" name="move_base" output="screen">
    <param name="global_costmap/global_frame" value="$(arg map_frame)" />
    <param name="global_costmap/robot_base_frame" value="$(arg base_frame)" />
    <rosparam file="$(find robot_navigation)/config/costmap_common_params.yaml" command="load" ns="global_costmap" />
    <rosparam file="$(find robot_navigation)/config/global_costmap_params.yaml" command="load" />

    <param name="local_costmap/global_frame" value="$(arg map_frame)" />
    <param name="local_costmap/robot_base_frame" value="$(arg base_frame)" />
    <rosparam file="$(find robot_navigation)/config/costmap_common_params.yaml" command="load" ns="local_costmap" />
    <rosparam file="$(find robot_navigation)/config/local_costmap_params.yaml" command="load" />

    <param name="base_global_planner" value="global_planner/GlobalPlanner" />
    <!-- <param name="planner_frequency" value="0.0" /> -->
    <param name="planner_frequency" value="0.0" />
    <param name="planner_patience" value="5.0" />
    <param name="base_local_planner" value="teb_local_planner/TebLocalPlannerROS" />
    <!-- <param name="controller_frequency" value="5.0" /> -->
    <!-- <param name="controller_frequency" value="10.0" /> -->
    <param name="controller_patience" value="15.0" /> -->
    <param name="controller_frequency" value="1.0" />
    <param name="controller_patience" value="15" />

    <rosparam file="$(find robot_navigation)/config/global_planner_params.yaml" command="load" />
    <rosparam file="$(find robot_navigation)/config/teb_local_planner_params.yaml" command="load" />
</node>
```

① 全局代价地图配置部分
② 局部代价地图配置部分
③ 路径规划配置部分

功能：配置 move_base 功能包。

① 配置启动全局代价地图的启动文件，包括 costmap、global_costmap 两部分。

② 配置启动局部代价地图的启动文件，包括 costmap、local_costmap 两部分。

③ 配置启动路径规划的启动文件，包括 global_planner、teb_local_planner 两部分。其中，teb_local_planner 是局部规划器的插件。

(3) 实践过程

在搭建好的实际场景中，加载建好的地图，设置机器人的初始位置和方向及目标位置和方向，就可以实现机器人自主导航，具体过程如下。

> **注意：**
> 在开始导航前需要先将相关程序上传至控制板。

① 将创建的地图应用到导航程序中。此处需要修改 launch 文件，将建好的地图文件 map.yaml 添加到 launch 文件中。文件路径为：ros_ws\src\robot_navigation\launch\robot_navigation.launch。

具体实现方式为：找到 robot_navigation.launch 文件并打开编辑，按下 Ctrl＋Alt＋T 组合键，在新终端中远程连接树莓派，并输入 cd ros_ws/src/robot_navigation/launch/，按下回车键；继续输入 sudo vim robot_navigation.launch 命令。具体操作如图 6.30 所示。

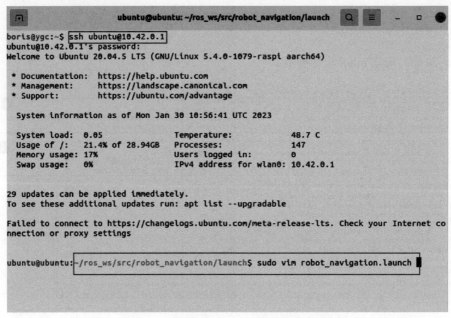

图 6.30　编辑导航 launch 文件操作示例

在弹出的界面中，更新地图，更新参数 name＝"map_file" 的 default 默认值为 map_name.yaml 的文件所在路径。具体操作如图 6.31 所示。

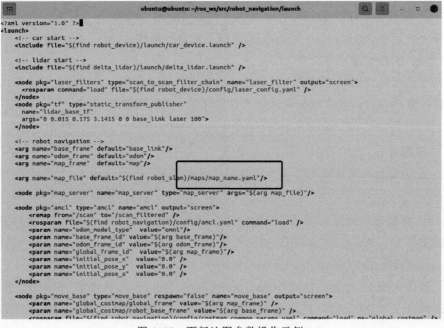

图 6.31　更新地图参数操作示例

② 启动小车、雷达、navigation。在该终端继续输入 roslaunch robot_navigation robot_navigation.launch，按下回车键。具体操作如图 6.32 所示。

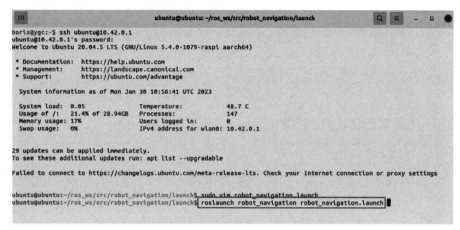

图 6.32　启动小车、雷达、navigation 操作示例

③ 鼠标左键单击图 6.32 终端后，按下 Ctrl＋Shift＋T 组合键，在新终端中输入 rviz，启动可视化界面，按下键盘的 Ctrl＋O 组合键，鼠标左键双击 robot_navigation.rviz，即显示导航界面，如图 6.33 所示。

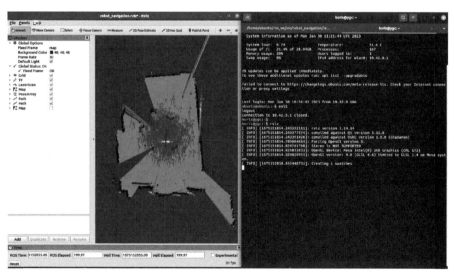

图 6.33　SLAM 导航界面

④ 标定小车初始位置及方向。鼠标左键单击图 6.32 终端，按下 Ctrl＋Shift＋T 组合键，在新终端远程连接树莓派后输入 roslaunch robot_device key_control.launch，启动键盘服务节点。具体操作如图 6.34 所示。

按下回车键后，等待程序启动，显示如图 6.35 所示内容。

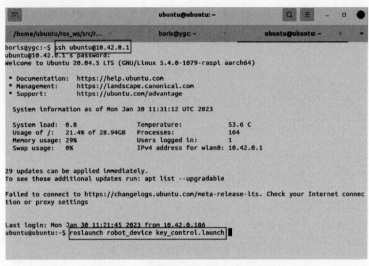

图 6.34 启动键盘服务节点操作示例

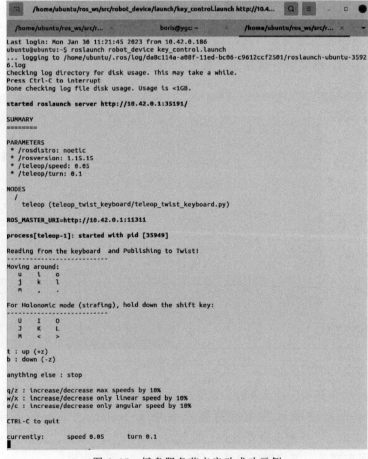

图 6.35 键盘服务节点启动成功示例

单击 rviz 中 "2D Pose Estimate",标出机器人目前在地图中的大致位置及车头朝向,如图 6.36 所示。

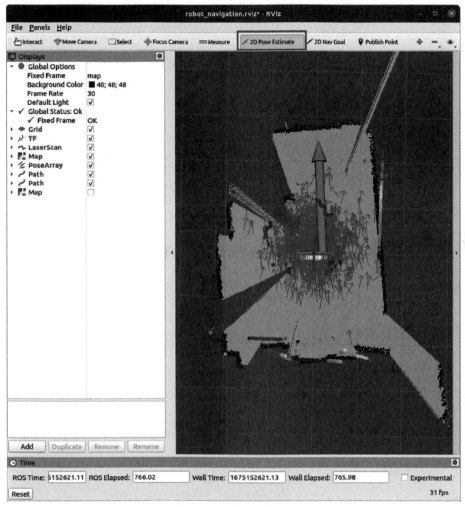

图 6.36 机器人位姿显示

当地图中有许多红色的小箭头时,需要用键盘控制机器人运动来消除,用于确定小车的方向。鼠标左键单击激活 "roslaunch robot_device key_control.launch" 的终端,尝试移动机器人,使红色箭头逐渐减少,效果如图 6.37 所示。

⑤ 设置导航目标。在上述 rviz 中,单击 "2D Nav Goal",设置小车要达到的目标点。如图 6.38 所示,观察小车是否到达目标点。

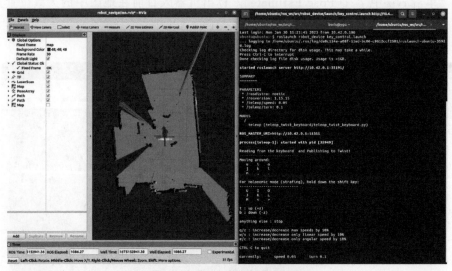

图 6.37 机器人位姿确认效果

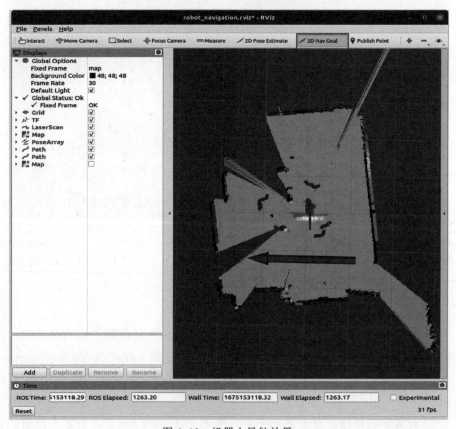

图 6.38 机器人导航效果

6.3 基于"训练师"移动机器人的激光SLAM导航实践

本节内容将以"训练师"移动机器人为载体进行具体项目实践,移动机器人项目的结构本体和硬件参考 4.3 节"训练师"四驱全向麦克纳姆轮移动机器人,系统配置为 Ubuntu 20.04,基于 ROS 设计。硬件系统连接图如图 6.39 所示,激光 SLAM 的具体实现过程详见后文分析。

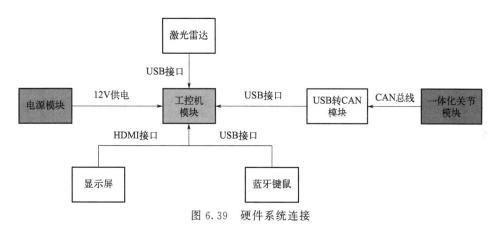

图 6.39 硬件系统连接

对比 6.2 节"探索者"移动机器人的 SLAM 导航实践,可以发现"训练师"移动机器人 SLAM 导航的硬件图中减少了单片机与电机的连接,这是因为"训练师"所用电机是一体化关节模块,将电机的驱动、伺服、电机、减速器进行集成,不需要单片机即可与上位机系统进行连接,同时也采用了性能更高的工控机模块作为控制器。

本节导航进行局部路径规划用的插件与 6.2 节不同,且其他相应的参数配置也不同。"训练师"路径规划采用的插件名称为:teb_local_planner/TebLocalPlannerROS,是局部路径规划的插件。

6.3.1 键盘控制底盘运动

本节只介绍基于"训练师"移动机器人实现键盘控制的具体过程,关于键盘控制的原理及详细描述请参考 6.2.1 节。具体过程如下。

① 安装键盘控制包:

```
sudo apt-get install ros-noetic-teleop-twist-keyboard
```

② 启动小车设备的节点:

```
roslaunch mecanum_car_slam gmapping.launch
```

③ 启动键盘包服务，此命令需在新的终端内进行：

```
roslaunch mecanum_car_ctl mecanum_car_keyboard.launch
```

④ 尝试按下键盘命令，控制移动机器人的运动。

6.3.2 SLAM 建图

(1) 参数配置

Gmapping 配置文件的相对地址为：mecanum_car_slam\launch\gmapping.launch，具体过程如下。

先配置移动机器人、雷达的启动文件。

```
<!--car device start-->
<include file="$(find mecanum_car_driver)/launch/mecanum_car_driver.launch"/>
```

参数：mecanum_car_driver\launch\ mecanum_car_driver.launch

功能：传入参数，设置移动机器人的启动文件，建立 TF 坐标。

```
<!-- laser device start -->
<include file="$(find mecanum_car_driver)/launch/mecanum_car_lidar.launch" />
```

参数：mecanum_car_driver\launch\mecanum_car_lidar.launch

功能：配置雷达启动文件，建立 TF 坐标。

```
<!-- Arguments -->
<arg name="base_frame" default="base_link" />
<arg name="odom_frame" default="odom" />
<arg name="map_frame" default="map" />
```

参数：base_link（机器人坐标 frame）
　　　odom（里程计坐标系 frame 名）
　　　map（虚拟世界的固定 frame 名）

功能：设置 3 个 frame 的具体值；它们作为 acml、move_base 的参数值。

```
<!-- Gmapping -->
<node pkg="gmapping" type="slam_gmapping" name="gmapping" output="screen">
    <remap from="/scan" to="/scan_filtered" >
    <param name="base_frame" value="$(arg base_frame)"/>
```

```
<param name="odom_frame" value="$(arg odom_frame)" />
<param name="map_frame"value="$(arg map_frame" />
<rosparam command="load" file="$(find mecanum_car_slam)/config/gmapping_params.yaml"/>
</node>
```

功能：先设置框架参数，再在 yaml 文件中设置具体的参数值。

文件相对地址：mecanum_car_slam\config\ gmapping_params.yaml。

（2）实践过程

① 启动小车、雷达、Gmapping 功能包：

roslaunch mecanum_car_slam gmapping.launch

② 启动键盘包服务。在新的终端内输入以下命令：

roslaunch mecanum_car_control mecanum_car_keyboard.launch

③ 启动 rviz。在新的终端输入以下命令：

rviz-d~ /mecanum_car_ws/src/mecanum_car_slam/rviz/gmapping.rviz

④ 构建地图。鼠标左键单击键盘控制命令的终端，确保属于当前激活状态，尝试让机器人在实际场地中运动，直到地图构建完成，然后保存地图。

接着输入：

rosrun map_server map_saver-f

/home/ok/mecanum_car_ws/src/mecanum_car_slam/maps/(map name)

> **注意：**
> 命令"rosrun map_server map_saver-f./map_name"中最后的"map_name"是地图的名称，可自行命名。

6.3.3 机器人导航

导航的框架与 6.2.3 节相同，具体过程如下。

（1）"训练师"机器人底盘导航参数配置

① 配置 TF。参考 6.2.3 节建立的底盘坐标系，然后测算出雷达中心与底盘中心的距离值，进行雷达 TF 配置。

② 发布激光雷达数据。具体内容请参考文件：mecanum_car_driver\launch\mecanum_car_lidar.launch。

③ 发布里程计信息。具体内容请参考文件：mecanum_car_driver\launch\mecanum_car_driver.launch。

④ 基座控制器。具体内容请参考文件：mecanum_car_driver\launch\mecanum_car_driver.launch。

⑤ 地图。具体内容请参考文件：mecanum_car_navigation\config\ amcl.yaml。

(2) 导航功能包集配置

打开 mecanum_navigation.launch 文件，以这个文件为索引理解导航启动过程。此文件的相对地址为：mecanum_car_navigation\launch\ mecanum_navigation.launch。

```
<!--car device start-->
<include file="$(find mecanum_car_driver)/launch/mecanum_car_driver.launch"/>
```

参数：mecanum_car_driver\launch\ mecanum_car_driver.launch。

功能：传入参数，设置移动机器人的启动文件。

① sensor sources：主要采用移动机器人的激光雷达的数据。

```
<!--laser device start-->
<include file="$(find mecanum_car_driver)/launch/mecanum_car_lidar.launch"/>
```

功能：配置雷达启动文件。

文件相对地址：mecanum_car_driver\launch\mecanum_car_lidar.launch。

```
<arg name="base_frame" default="base_link"/>
<arg name="odom_frame" default="odom"/>
<arg name="map_frame" default="map"/>
```

参数：base_link（机器人坐标 frame）
　　　odom（里程计坐标系 frame 名）
　　　map（虚拟世界的固定 frame 名）

功能：设置三个 frame 的具体值，它们作为 acml、move_base 的参数值。

② map_server：

```
<arg name="map_file" default="$(find mecanum_car_slam)/maps/xierqi_map4.yaml"/>
<node pkg="map_server" name="map_server" type="map_server" args="$(arg map_file)"/>
```

功能：加载地图文件并设置 map_server 的参数。只需要修改 default 的参数即可。

其中，default="$(find mecanum_car_slam)/maps/xierqi_map4.yaml"，xierqi_map4.yaml 代表 SLAM 生成的地图文件名，mecanum_car_slam/maps 代表此地图文件所在的目录，如图 6.40 所示。

第 6 章 激光 SLAM 自主导航

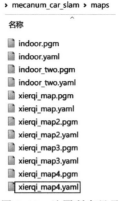

图 6.40 地图所在目录

③ odometry source：

\<node pkg="mecanum_car_driver"type="mecanum_driver.py" name="mecanum_driver"output="screen"\>

  \<param name="odom_frame" type="str" value="odom"/\>

  \<param name="base_frame" type="str" value="base_link" /\>

\</node\>

功能：配置一个节点，规定了世界原点坐标和小车中心坐标两个参数的名字。

文件相对地址：mecanum_car_driver\launch\ mecanum_car_driver.launch。

④ sensor transform：

\<include file="$ (find rplidar_ros)/launch/rplidar.launch" /\>

\<node pkg="tf type="static_transform_publisher"name="laser_tf_broadcaster" args="0.158310 0.147 3.14159 0 0 base_link laser 100" /\>

\<node pkg="laser_filters" type="scan_to_scan_filter_chain" name="laser_filter"\>

  \<rosparam command="load"file="$ (find mecanum_car_driver /config/rplidar_config.yaml"/\>

\</node\>

功能：配置雷达与小车中心坐标变换。

文件相对地址：mecanum_car_driver\launch\ mecanum_car_lidar.launch。

⑤ amcl：

\<node pkg="amcl" type="amcl" name="amcl" output="screen"\>

  \<remap from=" / scan" to="/ scan_filtered" /\>

  \<rosparam file="$ (find mecanum_car_navigation)/config/amcl.

```xml
yaml" command="load"/>
    <param name="odom_model_type" value="omni" />
    <param name="base_frame_id" value="$(arg base_frame)"/>
    <param name="odom_frame_id" value="$(arg odom_frame)" />
    <param name="global_frame_id" value="$(arg map_frame) " />
    <param name="initial_pose_x" value="0.0" />
    <param name="initial_pose_y" value="0.0" />
    <param name="initial_pose_a" value="0.0" />
</node>
```

功能：配置 amcl 包的参数。

文件相对地址：mecanum_car_navigation\config\ amcl.yaml。

⑥ move base：

```xml
<node pkg="move_base" type="move_base" respawn="false" name="move_base" output="screen">
    <param name="global_costmap/global_frame" value="$(arg map_frame)" />
    <param name="global_costmap/robot_base_frame" value="$(arg base_frame)"/>
    <rosparam file="$(find mecanum_car_navigation)/config/costmap_common_params.yaml" command="load" ns="global_costmap"/>
    <rosparam file="$(find mecanum_car_navigation)/config/global_costmap_params.yaml" command="load"/>

    <param name="local_costmap/global_frame" value="$(arg map_frame)" />
    <param name="local_costmap/robot_base_frame" value="$(arg base_frame)"/>
    <rosparam file="$(find mecanum_car_navigation)/config/costmap_common_params yaml" command="load" ns="local_costmap"/>
    <rosparam file="$(find mecanum_car_navigation)/config/local_costmap_params.yaml" command="load"/>

    <param name="base_global_planner" value="global_planner/GlobalPlanner"/>
    <!-- <param name="planner_frequency" value="0.0" /> -->
    <param name="planner_frequency" value="0.0"/>
    <param name="planner_patience" value="5.0"/>
```

```xml
<param name="base_local_planner" value="teb_local_planner/TebLocalPlannerROS"/>
<!--<param name="controller_frequeney" value="5.0" /> -->
<!--<param name="controller_frequency" value="10.0"/>
<param name="controller_patience" value="15.0"/> -->
<param name="controller_frequency" value="1.5" />
<param name="controller_patience" value="15"/>

<rosparam file= "$(find mecanum_car_navigation)/config/global_planner_params.yaml" command="load"/>
<rosparam file= "$(find mecanum_car_navigation)/config/teb_local_planner_params.yaml" command= "load"/>
</node>
```

功能：move_base 是一个功能包，实现机器人导航中的最优路径规划，提供导航的主要运行、交互接口，主要对 global_planner、local_planner、global_costmap、local_costmap、recovery_behaviors 进行参数配置。

```xml
<param name="global_costmap/global_frame" value="$(arg map_frame)" />
```

功能：设置全局代价地图的参数为 map_frame 对应值，即 map。

```xml
<param name="global_costmap/robot_base_frame" value="$(arg base_frame)" />
```

功能：设置全局代价地图的参数为 base_frame 对应值，即 base_link。

```xml
<rosparam file="$(find mecanum_car_navigation)/config/costmap_common_params.yaml" command="load" ns="global_costmap" />
```

功能：设置全局代价地图的参数 costmap_common_params.yaml 的文件地址。

```xml
<rosparam file="$(find mecanum_car_navigation)/config/global_costmap_params.yaml" command="load" />
```

功能：设置全局代价地图参数 global_costmap_params.yaml 的文件地址。

⑦ local_costmap：

```xml
<param name="local_costmap/global_frame" value="$(arg map_frame)"/>
<param name="local_costmap/robot_base_frame" value="$(arg base_frame)"/>
<rosparam file= "$(find mecanum_car_navigation)/config/costmap_common_params.yaml" command= "load" ns="local_costmap"/>
```

```xml
<rosparam file="$(find mecanum_car_navigation)/config/local_costmap_params.yaml" command="load"/>
```

参数：

map_frame 即 map，代表机器人在 map 框架下运行。

base_frame 即 base_link，代表机器人在 base_link 框架下运行。

局部代价地图参数文件的相对地址如下：

mecanum_car_navigation\config\costmap_common_params.yaml；

mecanum_car_navigation\config\local_costmap_params.yaml。

功能：传入上面的参数，完成局部代价地图的配置。

⑧ global_planner 与 local_planner：

```xml
<param name="base_global_planner" value="global_planner/GlobalPlanner"/>
<!-- <param name="planner_frequency" value="0.0" /> -->
<param name="planner_frequency" value="0.0"/>
<param name="planner_patience" value="5.0"/>
<param name="base_local_planner" value="teb_local_planner/TebLocalPlannerROS"/>
<!-- <param name="controller_frequency" value="5.0"/>-->
<!-- <param name="controller_frequency" value="10.0"/>
<param name="controller_patience" value="15.0"/>-->
<param name="controller_frequency" value="1.5" />
<param name="controller_patience" value="15" />
<rosparam file="$(find mecanum_car_navigation)/config/global_planner_params.yaml" command="load"/>
<rosparam file="$(find mecanum_car_navigation)/config/teb_local_planner_params.yaml" command="load">
```

先了解 name 值的含义，再进行参数值的配置。

base_global_planner：设定全局路径规划器。

planner_frequency：全局规划操作的执行频率，如果设置为 0.0，则全局规划器仅在接收到新的目标点或者局部规划器报告路径堵塞时才会重新执行规划操作。

planner_patience：在执行空间清理操作之前，计划程序将等待多长时间（以秒为单位）以尝试找到有效的规划结果。

base_local_planner：设定局部路径规划器。

controller_frequency：每多少秒需要更新一次路径规划，把这个值设得太高会使性能不足的 CPU 过载。

controller_patience：局部路径规划器超过预定时间没规划出路径时，进行清理操作。

参数：

global_planner/GlobalPlanner：全局路径规划的插件。

teb_local_planner/TebLocalPlannerROS：局部路径规划的插件。

针对移动机器人在 yaml 文件里配置具体的参数，文件地址如下：

mecanum_car_navigation\config\ global_planner_params. yaml；

mecanum_car_navigation\config\ teb_local_planner_params. yaml。

功能：传入上面的参数值，完成全局路径规划、局部路径规划的配置。

⑨ recovery_behaviors：当机器人处于死角位置，进行自我恢复的动作设置。在这里采用默认，并没有进行参数设置。

⑩ base controller：主要完成将 cmd_vel 转化为车的速度，将车的速度转化为轮速度，将轮速度转化为电机驱动，实时发布车的里程信息、TF 变化信息。

配置请参考文件的相对地址：mecanum_car_driver\scripts\mecanum_driver. py。

(3) 实践过程

① 将创建的地图应用到导航程序中。这里需要修改 launch 文件，路径为：mecanum_car_navigation\launch\mecanum_navigation. launch。

把 6.3.2 节的地图文件添加到此 launch 文件中。步骤如下：

打开 robot_navigation. launch 文件并打开，定位到 name＝"map_file"的参数，修改 default 值；

如本次保存地图为 xierqi_map4. yaml，路径为 mecanum_car_slam\maps，则设置参数为：

```
<arg name="map_file" default="$(find mecanum_car_slam)/maps/xierqi_map4.yaml"/>
```

请参考上面的实例，设置地图参数。

② 启动小车、雷达、navigation。在该终端继续输入：

```
roslaunch mecanum_car_navigation mecanum_navigation. launch
```

③ 启动 rviz。鼠标左键单击上述命令行所在终端，按下 Ctrl＋Shift＋T 组合键，在新终端输入：rviz -d ～/mecanum_car_ws/src/mecanum_car_navigation/rviz/mecanum_navigation. rviz。

④ 标定小车初始位置及方向。鼠标左键单击上述命令行所在终端，按下 Ctrl＋Shift＋T 组合键，在新终端输入：

```
roslaunch mecanum_car_control mecanum_car_keyboard. launch
```

接着单击 rviz 中的 "2D Pose Estimate"，标定出小车目前处于该地图中的大致位置及车头朝向。当地图中有许多红色的小箭头时，需要用键盘控制小车运动来消除，便于确定小车的方向。可以鼠标左键单击激活"roslaunch mecanum_car_control mecanum_car_keyboard.launch"的终端，尝试移动小车，使红色箭头减少。

⑤ 设置导航目标。在上述 rviz 中，单击"2D Nav Goal"，设置小车要达到的目标点。

本节实现过程与 6.2.3 节基本相同，故不再详细展开。

teb_local_planner 插件介绍

"训练师"移动机器人导航中使用的局部路径规划器插件为 teb_local_planner。该插件对全局规划生成的初始轨迹在运行时按时间最优目标进行轨迹优化，并且遵守动力学约束。局部路径规划器 teb 算法流程见图 6.41。

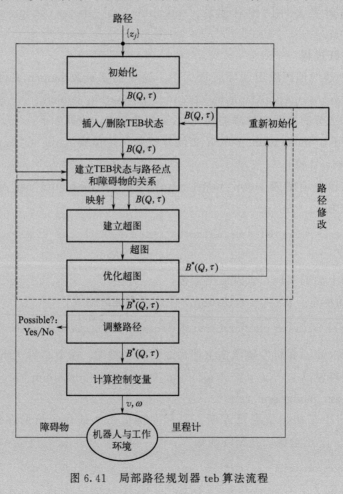

图 6.41 局部路径规划器 teb 算法流程

打开 teb_local_planner_params.yaml 文件，了解具体的参数含义及值（表 6.6）。

表 6.6 teb 参数的分类

参数	含义
Trajectory	轨迹或者路径参数的设置
Robot	对机器人线速度、角速度参数的设置
GoalTolerance	与目标位置的偏移量
Obstacles	与障碍物相关参数设置
Optimization	优化设置
Homotopy Class Planner	规划类
Recovery	碰到死点，恢复参数的设置

"训练师"机器人局部路径规划 teb 算法与"探索者"机器人局部路径规划 dwa 算法有所不同。teb 算法在运动过程中会调整自己的位姿朝向，当到达目标点时，通常机器人的朝向也是目标朝向而不需要旋转。dwa 算法则是先到达目标坐标点，然后原地旋转到目标朝向。对于两轮差速底盘，teb 算法在运动中调节朝向会使运动路径不流畅，在启动和将到达目标点时出现不必要的后退，这在某些应用场景中是不允许的，因为后退可能会碰到障碍物。而原地旋转到合适的朝向再径直走开是更为合适的运动策略，这也是 teb 算法根据场景需要优化的地方。

第7章

视觉V-SLAM导航实践

机器人视觉 V-SLAM 导航广泛应用于机器人自主导航、辅助驾驶、增强现实、三维重建等场景。同激光 SLAM 导航相同,视觉 V-SLAM 导航也包含建图和导航两部分,其中视觉导航部分与激光 SlAM 导航的整体框架相同,区别主要是建图所用到的算法不同。视觉建图主要使用 RTAB-Map(for Real-Time Appearance-Based Mapping)开源库进行,然后基于导航框架进行导航仿真或控制机器人导航。

本章内容同样以注重工程实现方法为原则展开。7.1 节介绍视觉 V-SLAM 导航完整架构、建图及导航方法,7.2 节为视觉 V-SLAM 导航的具体实现和应用实践,7.3 节为视觉和激光雷达 SLAM 融合拓展实践

7.1 视觉 V-SLAM 导航基础

7.1.1 视觉 V-SLAM 导航框架

基于 RTAB-Map 的导航框架如图 7.1 所示,其中灰色标注代表基于 RTAB-Map 进行建图的关键点。

视觉建图主要使用的传感器是相机。相机根据工作方式不同,可以分为单目(Monocular)相机、双目(Stereo)相机和深度(RGB-D)相机三大类。而 RTAB-Map 通过深度(RGB-D)相机采集图像或图形,利用算法和框架来进行地图的构建。经典视觉 SLAM 框架如图 7.2 所示,包括传感器信息读取、前端视觉里程计、后端(非线性)优化、回环检测、建图五大模块。

① 传感器信息读取。在视觉 SLAM 中主要进行相机图像信息的读取和预处理。如果是在机器人中,还可能有码盘、惯性传感器等信息的读取和同步。

② 前端视觉里程计。视觉里程计的任务是估算相邻图像间相机的运动以及

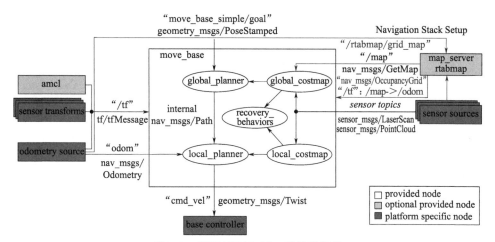

图 7.1 基于 RTAB-Map 的导航框架

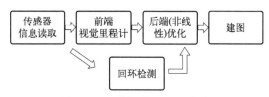

图 7.2 经典视觉 SLAM 框架

局部地图形态。

③ 后端（非线性）优化。后端接收不同时刻视觉里程计测量的相机位姿以及回环检测的信息，对其进行优化后得到全局一致的轨迹和地图。

④ 回环检测。判断机器人是否到达过先前的位置。如果检测到回环，将信息提供给后端进行处理。

⑤ 建图。根据估计的轨迹，建立与任务要求对应的地图。

7.1.2 基于 RTAB-Map 视觉建图过程

视觉建图过程是采用 RTAB-Map 开源库控制机器人在实际场景中运动来完成建图并保存地图的过程。RTAB-Map 是一种基于具有实时约束的全局闭环检测器的 RGB-D SLAM 方法。该软件包可用于生成环境的 3D 点云或创建用于导航的 2D 占用网格图。RTAB-Map 可以支持视觉和激光雷达 SLAM，允许用户使用不同的机器人和传感器实现并比较各种 3D 点云和 2D 占用网格图的解决方案。建图的具体过程如下：

① 确定机器人运行场景，可以是室内、室外等场所；
② 在选定的场景中控制机器人的运动，完成建图工作；

③ 保存地图。

为了更好地理解视觉建图，接下来将介绍 RTAB-Map 开源库的框图及流程。RTAB-Map ROS 节点的框架如图 7.3 所示，分为数据的输入、处理、输出三大部分。图中，左侧为输入部分，包括 TF、里程计信息、一种相机采集的图像（如一个或多个 RGB-D 图像或双目立体图像）且对相应的信息校准，2D 激光的雷达扫描或 3D 激光的点云为可选输入；中间虚线框为以 RTAB-Map ros/RTAB-Map 为中心的处理部分，输入部分的所有消息被同步并传递给 graph-SLAM 算法进行处理；右侧为输出部分，包括地图信息和图像，还可以有环境的 3D 点云或 2D 占用网格图。图 7.3 中各部分组件含义如表 7.1 所示。

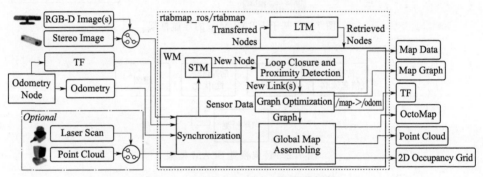

图 7.3　RTAB-Map ROS 节点的框架

表 7.1　RTAB-Map ROS 节点说明

组件	说明
输入部分	
RGB-D Image(s)	深度图片集（即深度相机采集的图像集）
Stereo Image	立体图片（即双目摄像头采集的图像）
TF	用于定义传感器相对于机器人底座的位置
Odometry Node	里程计节点
Odometry	里程计
Laser Scan	激光扫描（来自雷达产生的数据集）
Point Cloud	点云
处理部分	
LTM(Long-Term Memory)	长时间记忆

续表

组件	说明
处理部分	
WM(Working Memory)	工作中的记忆
STM(Short-Term Memory)	短时间记忆
Synchronization	同步
Loop Closure and Proximity Detection	回路闭合和邻近检测
Graph Optimization	图形优化
Global Map Assembling	全局地图汇集
输出部分	
Map Data	地图数据,包含最新添加的节点(带有压缩传感器数据)
Map Graph	地图图像(没有任何数据的纯图像)
TF	包含矫正过的里程计
OctoMap	3D 占用栅格地图
Point Cloud	点云(稠密的点云地图)
2D Occupancy Grid	2D 占用网格图

为满足实时性的一些限制,闭环检测通常只利用有限数量的定位点,但在需要的时候又能够访问整个地图的定位点。当地图中定位点的数目使得找到定位匹配的时间超过某个阈值时,RTAB-Map 就将 WM 中不太可能形成闭环的定位点转移到 LTM 中,这样这些被转移的位置点就不参与下次闭环检测的运算。当一个闭环被检测到时,其邻接定位点又能够被重新从 LTM 中取回放入 WM 中,用于将来的闭环检测。由于 LTM 中的定位点并不参与闭环检测,因此选择 WM 中的哪些定点转移到 LTM 中非常重要。

RTAB-Map 的思想是:假设更频繁地被访问的定位点比其他的定位点更易于形成闭环,这样一个定位点被连续访问的次数就可以用来衡量其易于形成闭环的权重。当需要从 WM 转移定位点到 LTM 中时,优先选择具有最低权重的定位点。如果具有最低权重的定位点又有多个时,优先选择被存储时间最长的定位点。

RTAB-Map 闭环检测时并没有使用 STM 中的定位点,因为多数情况下,最后获取的定位点大多与其最近的定位点相似。STM 的存储量大小 T 取决于机器人的速度和定位点获取的频率,定位点数量达到 T 时,在 STM 中存储时间最长的定位点就被移动到 WM 中。

7.1.3 视觉导航过程

视觉 SLAM 导航需要机器人安装相应的传感器（如摄像头）在实际场景中完成建图，基于建好的地图机器人即可实现自主导航。导航步骤和参数的配置请参考第 6 章。

如果没有制作好机器人，可以使用 Turtlebot 作为测试对象，接下来具体介绍在 Turtlebot 上使用 RTAB-Map 完成建图并导航的过程。

首先制作一个启动文件，命名为 demo_turtlebot_mapping.launch，将图 7.1 中的 map_server 替换为 rtabmap，基于此节点，发布或订阅相关消息。之后的具体实现过程主要包括两个步骤，分别为建立地图和自主导航。

(1) 建立地图

① 安装相关包（注意 ROS 版本）：

```
sudo apt-get install ros-noetic-turtlebot-bringup ros-kinetic-turtlebot-navigation ros-kinetic-rtabmap-ros
```

② 启动建图模式，包括底盘、建图和 rviz 三部分，启动后界面如图 7.4 所示，可以看到 2D 图和 3D 图，默认每次启动会使用相同的数据库，数据库都保存在~/.ros/rtabmap.db。如果使用新的数据库，可以用参数 args：="--delete_db_on_start"。

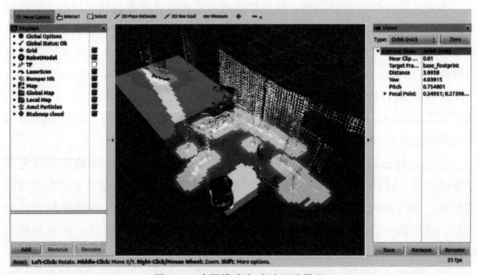

图 7.4 建图模式启动后显示界面

- 启动底盘：

```
roslaunch turtlebot_bringup minimal.launch
```

- 启动建图：

roslaunch rtabmap_ros demo_turtlebot_mapping.launch

- 启动 rviz：

roslaunch rtabmap_ros demo_turtlebot_rviz.launch

③ 启动定位模式。建图模式完成后，生成数据库，可执行如下的定位命令，缓慢移动机器人直到能在地图中重新定位，当检测到闭环 2D 图即可确定机器人当前位置。

roslaunch rtabmap_ros demo_turtlebot_mapping.launch localization:=true

(2) 自主导航

创建地图后，就可以在此地图上实现自主导航。rviz 界面如图 7.5 所示，使用 2D Pose Estimate 标定机器人位于地图中的初始位置及车头指向，使用 2D Nav Goal 指定目标位置。

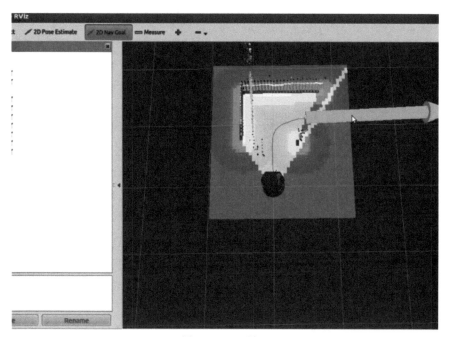

图 7.5　rviz 界面

7.2　基于"训练师"全向移动机器人的 V-SLAM 自主导航实践

本节内容将以"训练师"全向移动机器人为载体进行具体项目实践，"训练师"移动机器人项目的结构本体和硬件参考 4.3 节"训练师"四驱全向麦克纳姆轮移动机器人，系统配置为 Ubuntu 20.04，基于 ROS 设计。此款全向移动机器人硬件连接系统如图 7.6 所示，V-SLAM 的具体实现过程详见后文分析。

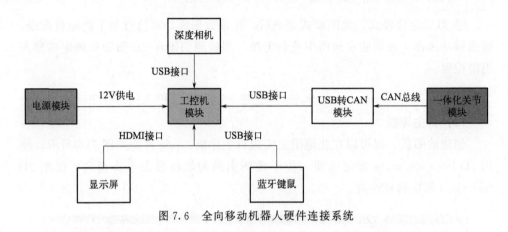

图 7.6　全向移动机器人硬件连接系统

7.2.1　麦克纳姆轮全向移动机器人键盘控制

（1）项目概述

麦克纳姆轮全向移动机器人键盘控制与第 6 章福来轮的键盘控制原理基本相同，都是基于 ROS 开源平台进行，调用键盘包控制机器人的运动。其中，需要重点了解的是全向移动机器人驱动的原理、键盘指令的设计过程，并能根据实际需要二次修改键盘指令完成多样的键盘控制机器人的项目。键盘控制分为机器人端键盘控制和远程端键盘控制两种方式，在调试具体参数和设计导航时，建议在机器人端控制；在机器人所有功能均已调试完毕，只是运行状态时，可以选择在远程端控制。

（2）机器人端键盘控制

运行机器人驱动节点：

```
roslaunch driver driver.launch
```

保持机器人静止，等待机器人启动。

新建终端，通过 SSH 连接到机器人后，运行键盘控制节点：

```
roslaunch ctl keyboard.launch
```

完成上述步骤后显示界面如图 7.7 所示，此时可通过键盘按键对机器人进行控制。键盘命令说明如表 7.2 所示。

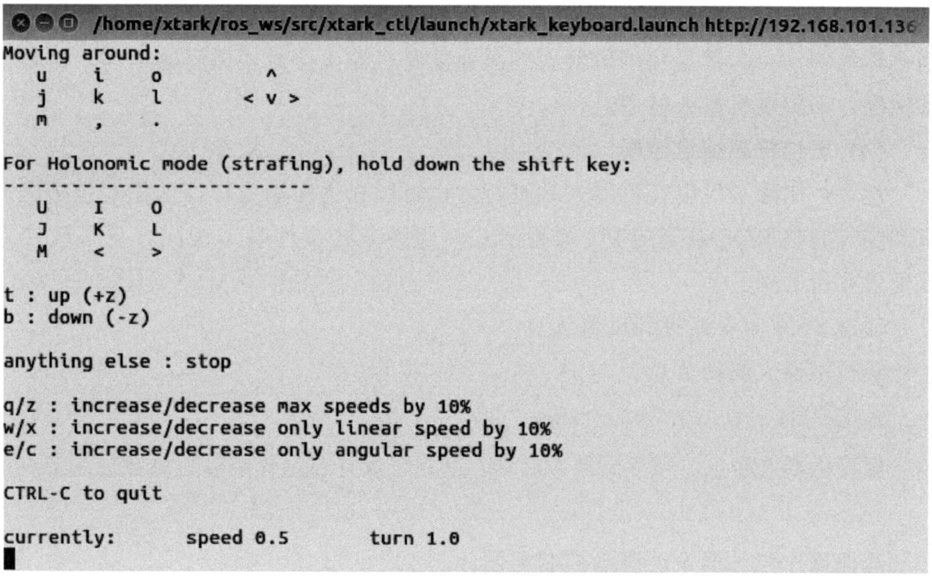

```
/home/xtark/ros_ws/src/xtark_ctl/launch/xtark_keyboard.launch http://192.168.101.136
Moving around:
   u    i    o         ^
   j    k    l       < v >
   m    ,    .

For Holonomic mode (strafing), hold down the shift key:
---------------------------
   U    I    O
   J    K    L
   M    <    >

t : up (+z)
b : down (-z)

anything else : stop

q/z : increase/decrease max speeds by 10%
w/x : increase/decrease only linear speed by 10%
e/c : increase/decrease only angular speed by 10%

CTRL-C to quit

currently:    speed 0.5        turn 1.0
```

图 7.7　键盘控制终端显示界面

表 7.2　键盘命令说明

键盘快捷键	指令含义
K	停止
I	前进
J	左转
<	后退
L	右转
U	左前方前进
O	右前方前进
M	左后方前进
>	右后方前进
q/z	增大机器人最大速度的10%（包含角速度与线速度）
w/x	减小机器人最大速度的10%（包含角速度与线速度）
e/c	仅仅增大机器人线速度的10%

表 7.2 所示控制方式为 ROS 官方默认的操控方式，为适合初学者使用习惯，增加如下操控方式以提高使用便捷性，如表 7.3 所示。

表 7.3　键盘命令说明

键盘快捷键	指令含义	键盘快捷键	指令含义
↑	前进	↓	后退
←	左转	→	右转
Space 空格键	停止		

特别说明：①鼠标指针必须位于键盘控制的终端页面，否则无法使用键盘控制机器人移动；②键盘控制机器人加减速度时机器人会做轻微转弯运动，这是正常情况，不影响机器人使用。

(3) 虚拟机端键盘控制

键盘控制除了可以在机器人端进行，也可以在远程端进行，远程端包括虚拟机和装有完整 ROS 系统的 PC 两种形式，两种方式操作基本相同，只是软件系统配置有所区别。

通过 SSH 命令连接到机器人。

运行机器人驱动节点：

`roslaunch driver driver.launch`

保持机器人静止，等待机器人启动。新建终端，在远程端运行键盘控制节点：

`roslaunch ctl keyboard.launch`

其他操作与机器人端键盘控制相同。

7.2.2 深度相机使用

(1) 查看点云图

在机器人端执行如下命令，运行深度相机驱动：

`roslaunch nav_depthcamera depthcamera.launch`

在虚拟机端打开一个终端，运行 rosrun rviz rviz，打开 rviz 显示工具，如图 7.8 所示。此时可以看到点云图像显示，如图 7.9 所示。

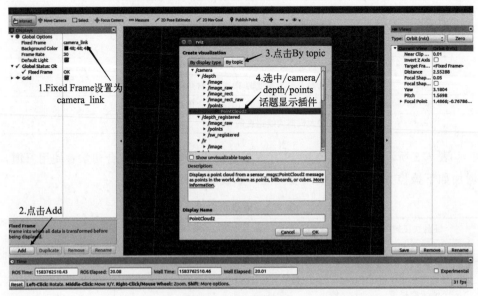

图 7.8　rviz 显示工具

第 7 章 视觉 V-SLAM 导航实践

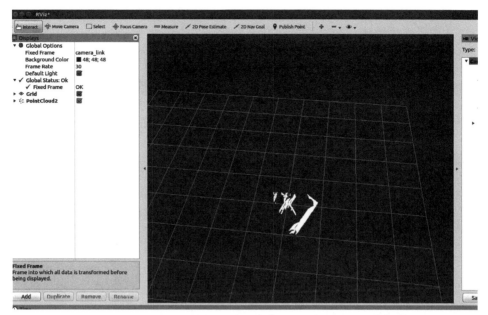

图 7.9 点云图像显示

在 nav_depthcamera 软件扩展包 launch 文件夹中，主要包含了表 7.4 所示的 launch 启动文件。

表 7.4 launch 启动文件

文件名称	说明
ORBSLAM.launch	ORBSLAM 算法启动文件
ORBSLAM2.launch	ORBSLAM2 算法启动文件
RTABSLAM_Mapping.launch	RTAB-SLAM 深度相机建图启动文件
RTABSLAM_Mapping_UseLidar.launch	RTAB-SLAM 深度相机融合激光雷达建图启动文件
RTABSLAM_Navigation.launch	RTAB-SLAM 深度相机导航启动文件
RTAB_SLAM_Navigation_UseLidar.launch	RTAB-SLAM 深度相机融合激光雷达导航启动文件
mapping_frontier.launch	深度相机模拟激光雷达自动探索建图启动文件
mapping_gmapping.launch	深度相机模拟激光雷达 Gmapping 算法建图启动文件
mapping_karto.launch	深度相机模拟激光雷达 Karto 算法建图启动文件
nav.launch	深度相机模拟激光雷达导航算法启动文件
slam.launch	建图算法入口文件

（2）查看深度图像

在机器人端执行如下命令，运行深度相机驱动：

```
roslaunch nav_depthcamera depthcamera.launch
```

在虚拟机端新建一个终端，运行 rosrun rqt_image_view rqt_image_view。此时，即可显示深度相机的深度图像，如图 7.10 所示。

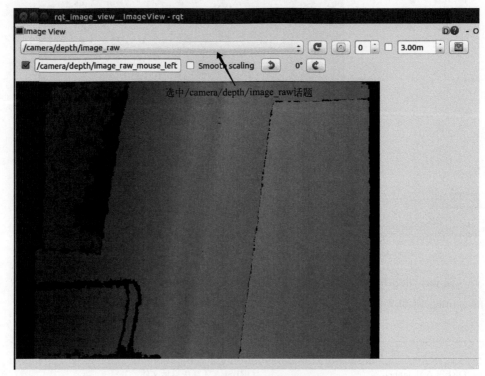

图 7.10 深度相机的深度图像

7.2.3 RTAB-SLAM 建图

RTAB-SLAM 建图的原理及功能包可参考 7.1.2 节，本节建图主要包括两部分，分别为开启建图启动文件并查看参数配置过程和实践过程。

(1) 参数配置

RTAB-SLAM 建图需要首先打开建图的 launch 文件，查看其参数的配置过程，文件地址为：xtark_nav_depthcamera/launch/Driver/RTAB_Driver/xtark_bringup_depthcameraRTAB.launch，其中主要参数的配置如下。

① odometry source。主要实现功能：启动底盘驱动，发布里程信息；使用官方 ekf 融合包，融合 imu 和小车本身里程信息；转换融合后的里程信息。

```
<node name="xtark_driver" pkg="xtark_driver" type="xtark_driver" output="screen" respawn="true">
```

```xml
    <rosparam file="$(find xtark_driver)/config/xtark_params.yaml" command="load"/>
        <remap from="/odom" to="/odom_raw"/>
        <param name="odom_frame" value="odom_raw"/>
        <param name="publish_odom_transform" value="False"/>
        <param name="lidar_offset_yaw" value="0.0"/>
    </node>

    <node pkg="robot_pose_ekf" type="robot_pose_ekf" name="robot_pose_ekf" output="screen">
        <param name="output_frame" value="odom"/>
        <param name="base_footprint_frame" value="base_footprint"/>
        <param name="freq" value="30.0"/>
        <param name="sensor_timeout" value="1.0"/>
        <param name="odom_used" value="true"/>
        <param name="imu_used"  value="true"/>
        <param name="vo_used"   value="false"/>

        <remap from="odom" to="/odom_raw"/>
        <remap from="/imu_data" to="/imu"/>
        <remap from="/robot_pose_ekf/odom_combined" to="/odom_combined"/>
    </node>

    <node pkg="xtark_driver" type="odom_ekf.py" name="odom_ekf_node" output="screen">
        <remap from="input" to="/odom_combined"/>
        <remap from="output" to="/odom"/>
    </node>
```

② sensor sources。主要实现功能：配置深度相机参数；启动将深度相机转雷达数据的包。

```xml
<include file="$(find xtark_nav_depthcamera)/launch/Driver/RTAB_Driver/xtark_depthcameraRTAB.launch" />
<include file="$(find depthimage_to_laserscan)/launch/depthimage_to_laserscan.launch"/>
```

③ sensor transform。主要实现功能：配置底盘和雷达的静态坐标关系；配置底盘和IMU的静态坐标关系；配置底盘和摄像头的静态坐标关系。

```xml
<node pkg="tf" type="static_transform_publisher" name="base_foot_
```

```
print_to_laser" args="0.10 0 0.1 0 0 0 base_footprint laser 40"/>
    <node pkg="tf" type="static_transform_publisher" name="base_foot-
print_to_imu" args="-0.05 0 0.05-1.57 0 0 base_footprint base_imu_link 40"/>
    <!--node pkg="tf" type="static_transform_publisher" name="base_
footprint_to_camera" args="0.10 0 0.10 0 1.57 0 base_footprint camera_link
40"/-->
    <node pkg="tf" type="static_transform_publisher" name="base_foot-
print_to_camera" args="0.10 0 0.10 1.57 3.14 1.57 base_footprint camera_link
40"/>
```

(2) 实践过程

首先通过 SSH 连接到机器人，执行如下命令，启动 RTAB-SLAM 深度相机建图：

```
roslaunch nav_depthcamera RTABSLAM_Mapping.launch
```

启动成功后，在虚拟机端再打开一个终端，运行 rosrun rviz rviz，启动可视化界面，并打开 ros_ws/src/xtark_viz/rviz/文件夹下的 rtabmapping.rviz 显示配置文件，此时，可以看到 RTAB-SLAM 算法建图界面，如图 7.11 所示。算法启动后的界面如图 7.12 所示。

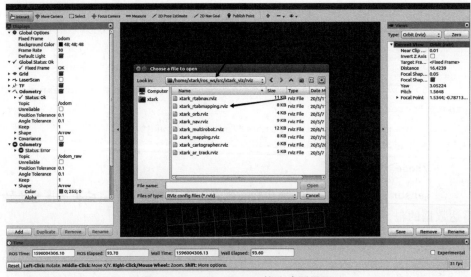

图 7.11　RTAB-SLAM 算法建图界面

此时，可在虚拟机端运行 rosrun teleop_twist_keyboard teleop_twist_keyboard 或启动键盘/手柄遥控节点控制机器人移动，建立场景 3D 地图。

RTAB-SLAM 建图带有闭环修正环节，如发现建图偏差较大，可控制机器人多走几遍，RTAB 算法可自动完成闭环修正。建图效果如图 7.13 所示。

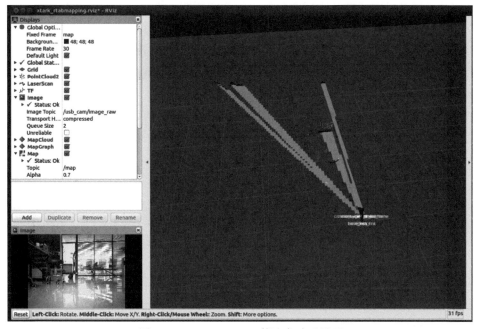

图 7.12　RTAB-SLAM 算法启动后界面

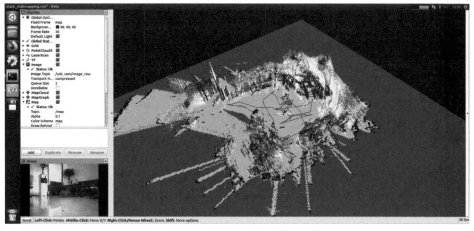

图 7.13　RTAB-SLAM 建图效果

完成建图后，可以直接按 Ctrl＋C 组合键退出建图节点，算法将会自动保存地图（RTAB-SLAM 算法地图保存为 *.db 格式，自动保存路径为 ~/.ros/rtabmap.db），无须手动保存地图。

7.2.4　RTAB-SLAM 导航

RTAB-SLAM 导航的框架可参考 7.1.3 节，本节建图主要包括两部分，分别为开启导航启动文件并查看参数配置过程和实践过程。

(1) 参数配置

导航需要首先打开启动 launch 文件，查看其参数的配置过程，文件地址为：xtark_nav_depthcamera/launch/Driver/RTAB_Driver/xtark_bringup_depthcameraRTAB.launch，其中主要参数的配置如下。

① odometry source。主要实现功能：启动底盘驱动，发布里程信息；使用官方 ekf 融合包，融合 IMU 和小车本身里程信息；转换融合后的里程信息。

```xml
<node name="xtark_driver" pkg="xtark_driver" type="xtark_driver" output="screen" respawn="true">
    <rosparam file="$(find xtark_driver)/config/xtark_params.yaml" command="load"/>
        <remap from="/odom" to="/odom_raw"/>
    <param name="odom_frame" value="odom_raw"/>
    <param name="publish_odom_transform" value="False"/>
    <param name="lidar_offset_yaw" value="0.0"/>
</node>


<node pkg="robot_pose_ekf" type="robot_pose_ekf" name="robot_pose_ekf" output="screen">
    <param name="output_frame" value="odom"/>
    <param name="base_footprint_frame" value="base_footprint"/>
    <param name="freq" value="30.0"/>
    <param name="sensor_timeout" value="1.0"/>
    <param name="odom_used" value="true"/>
    <param name="imu_used"  value="true"/>
    <param name="vo_used"   value="false"/>

    <remap from="odom" to="/odom_raw"/>
    <remap from="/imu_data" to="/imu"/>
    <remap from="/robot_pose_ekf/odom_combined" to="/odom_combined"/>
</node>


<node pkg="xtark_driver" type="odom_ekf.py" name="odom_ekf_node" output="screen">
    <remap from="input" to="/odom_combined"/>
    <remap from="output" to="/odom"/>
</node>
```

② sensor sources。主要实现功能：配置深度相机参数；启动将深度相机转雷达数据的包。

<include file="$(find xtark_nav_depthcamera)/launch/Driver/RTAB_Driver/xtark_depthcameraRTAB.launch"/>

<include file="$(find depthimage_to_laserscan)/launch/depthimage_to_laserscan.launch"/>

③ sensor transform。主要实现功能：配置底盘和雷达的静态坐标关系；配置底盘和IMU的静态坐标关系；配置底盘和摄像头的静态坐标关系。

<node pkg="tf" type="static_transform_publisher" name="base_footprint_to_laser" args="0.10 0 0.1 0 0 0 base_footprint laser 40"/>

<node pkg="tf" type="static_transform_publisher" name="base_footprint_to_imu" args="-0.05 0 0.05 -1.57 0 0 base_footprint base_imu_link 40"/>

<!--node pkg="tf" type="static_transform_publisher" name="base_footprint_to_camera" args="0.10 0 0.10 0 1.57 0 base_footprint camera_link 40"/-->

<node pkg="tf" type="static_transform_publisher" name="base_footprint_to_camera" args="0.10 0 0.10 1.57 3.14 1.57 base_footprint camera_link 40"/>

④ base controller。主要实现功能：base_controller节点主要完成将cmd_vel转化为车的速度，将车的速度转化为轮速度，将轮速度转化为电机驱动，实时发布车的里程信息、TF变化信息。

<node name="xtark_driver" pkg="xtark_driver" type="xtark_driver" output="screen" respawn="true">

<rosparam file="$(find xtark_driver)/config/xtark_params.yaml" command="load"/>

<remap from="/odom" to="/odom_raw"/> <param name="odom_frame" value="odom_raw"/>

<param name="publish_odom_transform" value="False"/>

<param name="lidar_offset_yaw" value="0.0"/>

</node>

接下来进行代价地图、路径规划器的配置，其中相关参数的含义可参考第6章，文件相对地址为：/xtark_nav/launch/include/teb_move_base.launch。

① global_costmap。主要实现功能：传入参数，配置全局代价地图。

<rosparam file="$(find xtark_nav)/config/diff/costmap_common_params.yaml" command="load" ns="global_costmap"/>

```
<rosparam file=" $(find xtark_nav)/config/diff/global_costmap_
params.yaml" command="load" />
```

② local_costmap。主要实现功能：传入参数，配置局部代价地图。

```
<rosparam file=" $(find xtark_nav)/config/diff/costmap_common_
params.yaml" command="load" ns="local_costmap" />
<rosparam file=" $(find xtark_nav)/config/diff/local_costmap_
params.yaml" command="load" />
```

③ global_planner。主要实现功能：传入参数，配置全局规划器。

```
<rosparam file="$(find xtark_nav)/config/diff/base_global_planner_
param.yaml" command="load" />
```

④ local_planner。主要实现功能：传入参数，配置局部规划器。

```
<rosparam file="$ (find xtark_nav)/config/diff/teb_local_planner_pa-
rams.yaml" command="load" />
```

⑤ move_base。主要实现功能：传入参数，配置 move_base。

```
<rosparam file="$ (find xtark_nav)/config/diff/move_base_params.yaml"
command="load" />
```

(2) 实践过程

在使用 RTAB-SLAM 导航时，算法会自动加载 ~/.ros/rtabmap.db 地图，无须手动设置。

首先通过 SSH 连接到机器人，执行如下命令，启动 RTAB-SLAM 深度相机导航：

```
roslaunch nav_depthcamera RTABSLAM_Navigation.launch
```

启动成功后，在虚拟机端再打开一个终端，运行 rosrun rviz rviz，启动可视化界面，并打开 ros_ws/src/viz/rviz/文件夹下的 rtabnav.rviz 显示配置文件，此时，可以看到 RTAB-SLAM 导航界面，如图 7.14 所示。

启动导航后，RTAB-SLAM 算法可以自动匹配机器人当前位置，无须手动标定机器人位姿。

在默认启动后，机器人所建立的 3D 地图因存放在机器人端，所以 rviz 没有显示建立的 3D 地图，可以通过电机 Download map 按钮，使 rviz 下载 3D 地图，显示 3D 地图，如图 7.15 所示。

单击后，rviz 开始从机器人端下载 3D 地图文件，如图 7.16 所示，此过程需要一段时间，且有可能出现 rviz 画面变灰现象，耐心等待下载完成即可。3D 地图文件下载成功后的界面如图 7.17 所示。

第 7 章 视觉 V-SLAM 导航实践

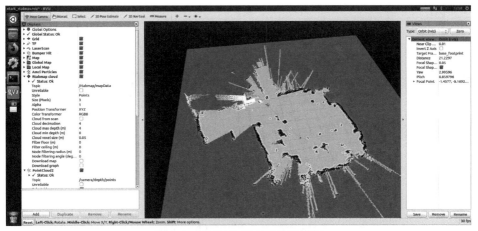

图 7.14　RTAB-SLAM 导航界面

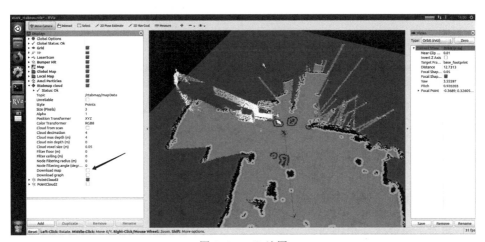

图 7.15　3D 地图

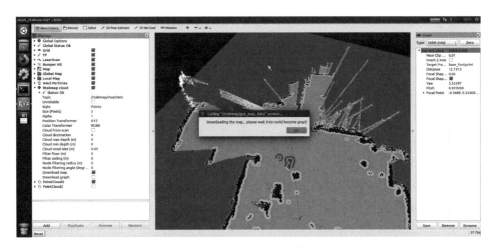

图 7.16　下载 3D 地图文件界面

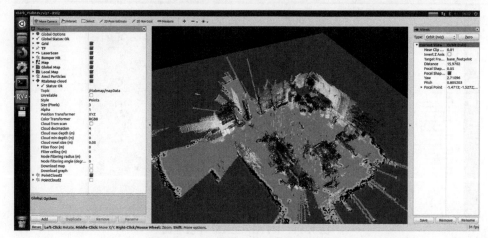

图 7.17　3D 地图文件下载成功后界面

此时，即可利用 2D Nav Goal 工具指定目标点，机器人即可前往目标点。

7.3　基于"训练师"全向移动机器人的视觉和激光雷达融合 SLAM 自主导航实践

7.3.1　深度相机和激光雷达融合建立地图

相对于单独深度相机建图，深度相机与激光雷达融合建图效果更优，精度更高。

首先通过 SSH 连接到机器人，执行如下命令，启动 RTAB-SLAM 深度相机＋激光雷达融合建图：

```
roslaunch nav_depthcamera RTABSLAM_Mapping_UseLidar.launch
```

启动成功后在虚拟机端再打开一个终端，运行 rosrun rviz rviz，启动可视化界面，并打开 ros_ws/src/viz/rviz/文件夹下的 rtabmapping.rviz 显示配置文件，此时，可以看到 RTAB-SLAM 算法建图界面如图 7.18 所示。RTAB-SLAM 算法启动后界面如图 7.19 所示。

此时，可在虚拟机端运行 rosrun teleop_twist_keyboard teleop_twist_keyboard 或启动键盘/手柄遥控节点控制机器人移动，建立场景 3D 地图。

RTAB-SLAM 建图带有闭环修正环节，如发现建图偏差较大，可控制机器人多走几遍，RTAB 算法可自动完成闭环修正。建图效果如图 7.20 所示。

第 7 章 视觉 V-SLAM 导航实践

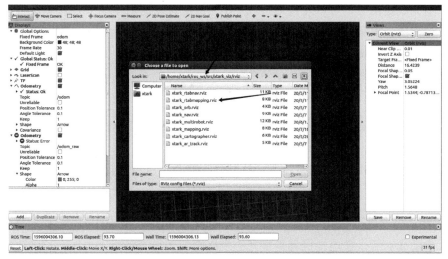

图 7.18　RTAB-SLAM 算法建图界面

图 7.19　RTAB-SLAM 算法启动后界面

图 7.20　RTAB-SLAM 建图效果

195

当完成建图后，可以直接通过按 Ctrl+C 组合键退出建图节点，算法将会自动保存地图。值得注意的是，RTAB-SLAM 算法地图保存为 *.db 格式，自动保存路径为~/.ros/rtabmap.db，无须手动保存地图。

7.3.2 深度相机和激光雷达融合导航

在利用深度相机与激光雷达融合进行 RTAB-SLAM 算法导航时，算法会自动加载~/.ros/rtabmap.db 地图，无须手动设置。

首先通过 SSH 连接到机器人，执行如下命令，启动 RTAB-SLAM 深度相机导航：

```
roslaunch nav_depthcamera RTABSLAM_Navigation_UseLidar.launch
```

启动成功后，在虚拟机端再打开一个终端，运行 rosrun rviz rviz，启动可视化界面，并打开 ros_ws/src/viz/rviz/文件夹下的 rtabnav.rviz 显示配置文件，此时，可以看到 RTAB-SLAM 导航界面，如图 7.21 所示。

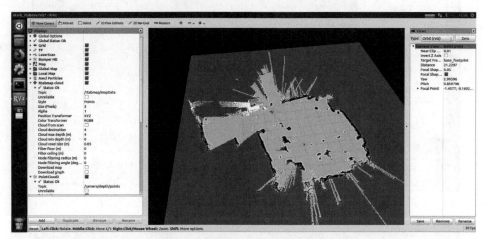

图 7.21　RTAB-SLAM 导航界面

启动导航后，RTAB-SLAM 算法可以自动匹配机器人当前位置，无须手动标定机器人位姿。

在默认启动后，机器人所建立的 3D 地图因存放在机器人端，所以 rviz 没有显示建立的 3D 地图，可以通过电机 Download map 按钮，使 rviz 下载 3D 地图，显示 3D 地图，如图 7.22 所示。

单击"Download map"后，rviz 开始从机器人端下载 3D 地图文件，如图 7.23 所示，此过程需要一段时间，且有可能出现 rviz 画面变灰现象，耐心等待下载完成即可。3D 地图文件下载成功后界面如图 7.24 所示。

此时，即可利用 2D Nav Goal 工具指定目标点，机器人即可前往目标点。

第 7 章 视觉 V-SLAM 导航实践

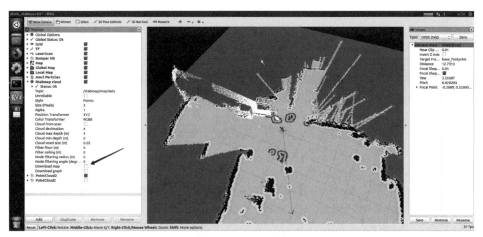

图 7.22 3D 地图

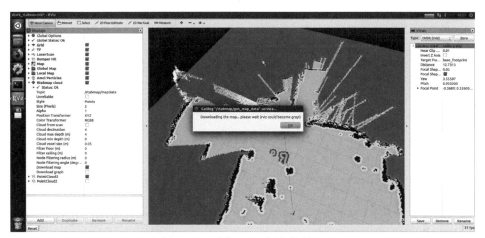

图 7.23 下载 3D 地图文件界面

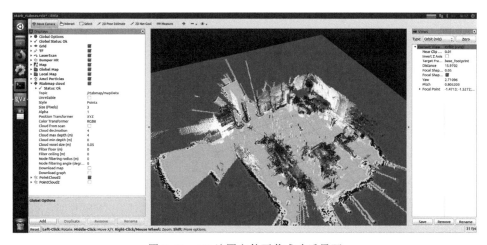

图 7.24 3D 地图文件下载成功后界面

参 考 文 献

[1] 明安龙. 移动机器人开发技术[M]. 北京：机械工业出版社，2022.

[2] 张虎. 机器人 SLAM 导航核心技术与实践[M]. 北京：机械工业出版社，2021.

[3] 徐本连. 机器人 SLAM 技术及其 ROS 系统应用[M]. 北京：机械工业出版社，2021.

[4] 库马尔·比平. ROS 机器人编程实战[M]. 李华峰，张志宇，译. 北京：人民邮电出版社，2020.

[5] 陶满礼. ROS 机器人编程与 SLAM 算法解析指南[M]. 北京：人民邮电出版社，2020.

[6] 胡春旭. ROS 机器人开发实践[M]. 北京：机械工业出版社，2018.

[7] 高翔. 视觉 SLAM 十四讲：从理论到实践[M]. 北京：电子工业出版社，2017.

[8] 陈孟元. 移动机器人 SLAM、目标跟踪及路径规划[M]. 北京：北京航空航天大学出版社，2015.

[9] 张建伟. 开源机器人操作系统[M]. 北京：科学出版社，2012.

[10] 潘绍飞. 无人驾驶汽车路径规划算法研究综述[J]. 汽车实用技术，2022，47（04）：162-165.

[11] 吴建清，宋修广. 同步定位与建图技术发展综述[J]. 山东大学学报（工学版），2021，51（05）：16-31.

[12] 周治国，曹江徽，邱顺帆. 3D 激光雷达 SLAM 算法综述[J]. 仪器仪表学报，2021，42（09）：13-27.

[13] 熊璐，杨兴，卓桂荣，等. 无人驾驶车辆的运动控制发展现状综述[J]. 机械工程学报，2020，56（10）：127-143.

[14] 吕霖华. 基于视觉的即时定位与地图重建（V-SLAM）综述[J]. 中国战略新兴产业，2017（04）：67-70.

[15] 张琦. 移动机器人的路径规划与定位技术研究[D]. 哈尔滨：哈尔滨工业大学，2014.

附录1:"探索者"零部件体系组成

"探索者"套件产品由机器时代(北京)科技有限公司开发,以下清单及参数说明由作者根据产品使用说明书整理。

(1)"探索者"结构零件清单

序号	图例	名称	说明
1		支杆件	曲柄滑块机构的主要零件,可用于搭建机器人行走机构
2			
3			
4		连杆件	包含20mm、40mm等不同规格,可用于搭建四连杆结构,伸缩机械手等
5			
6			

续表

序号	图例	名称	说明
7		桁架件	包含100mm和300mm两种规格,可用于搭建机器人本体框架
8			
9		型材滑轨件	包含100mm和300mm两种规格,可用于搭建机器人本体框架及用于滑轮轨道
10			
11		滑轨连接件	用于连接两个滑轨件,可实现30°、60°、120°、150°、180°等角度连接
12		机械手指	带角度连杆件,可用于搭建机械手爪、腿部结构等
13		双足连杆	
14		小轮	可用作履带、滚筒的骨架

附录1:"探索者"零部件体系组成

续表

序号	图例	名称	说明
15		大轮	可用作大轮子、机架、半球结构、球结构等
16		小舵机支架	可用于连接小型舵机与其他零件
17		大舵机支架	可用于连接大舵机与其他零件
18	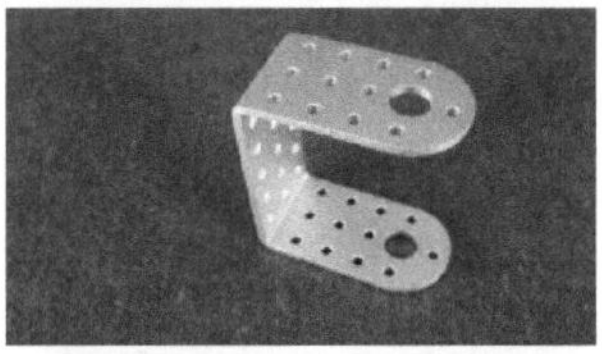	大舵机 U 形支架	可用于大舵机组装关节式结构
19		舵机双折弯	可用作机器人关节摆动部件
20	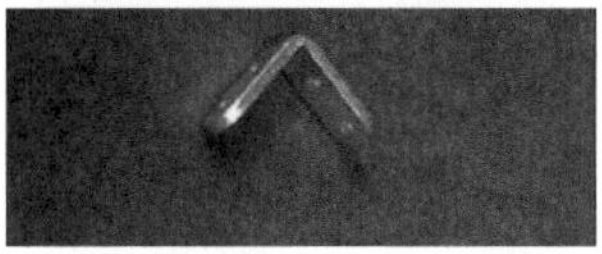	折弯件	
21			可用于搭建机构支架,连接不同平面

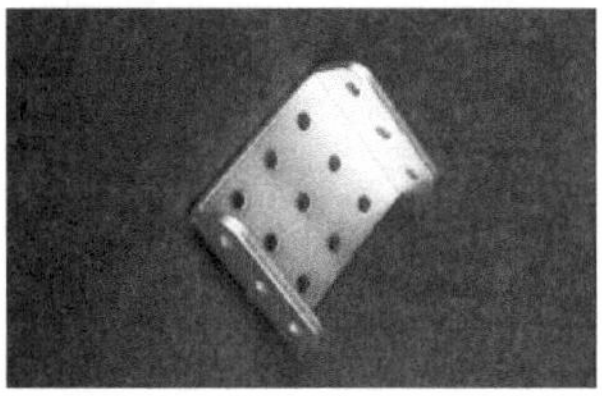

续表

序号	图例	名称	说明
22		折弯件	可用于搭建机构支架,连接不同平面
23			
24		球形件	可用于翅膀、腿、轮足等仿生机构的搭建
25			
26		5×7 孔平板	可用作小型搭载平台
27		7×11 孔平板	可用作大型搭载平台
28		11×25 孔平板	可用作大型机架平台
29		垫片 10	
30		垫片 20	小金属件,主要起调节机构层次的作用

附录1:"探索者"零部件体系组成

续表

序号	图例	名称	说明
31		轮支架	小金属件,主要起调节机构层次的作用
32		10mm 滑轨	
33		牛眼万向轮	国际标准零件
34	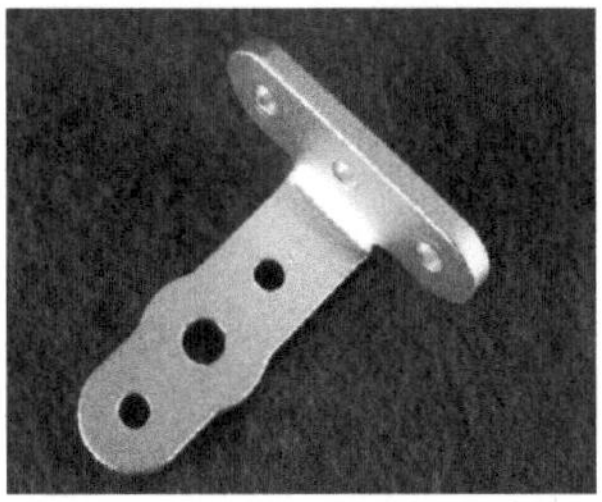	直流马达支架	可用于连接直流电机与其他零件
35		双足大腿	可组装特殊的曲柄滑块,用于机器人行走机构
36	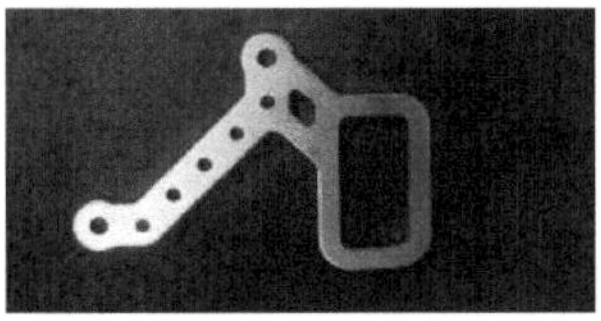	双足小腿	
37	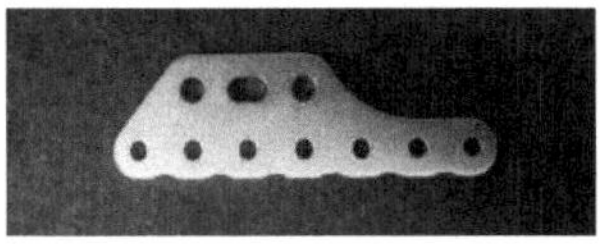	双足脚	可作为脚使用,也可用于其他功能

203

续表

序号	图例	名称	说明
38		输出头	舵机/电机输出附件,可用于舵机和被驱动件间的连接
39			
40			
41			
42			
43		履带片	可用于履带连接
44		联轴器	可用于轴的连接

附录1："探索者"零部件体系组成

续表

序号	图例	名称	说明
45		传动轴	不锈钢传动部件,可用于齿轮连接等,两端是扁的
46	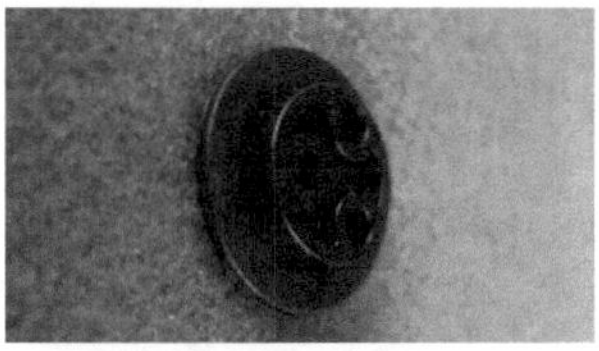	两种偏心轮	可用于组装偏心轮机构,代替凸轮、曲柄等
47	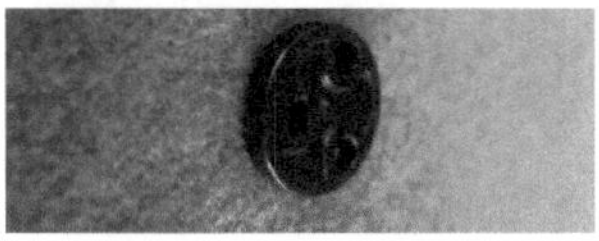		
48	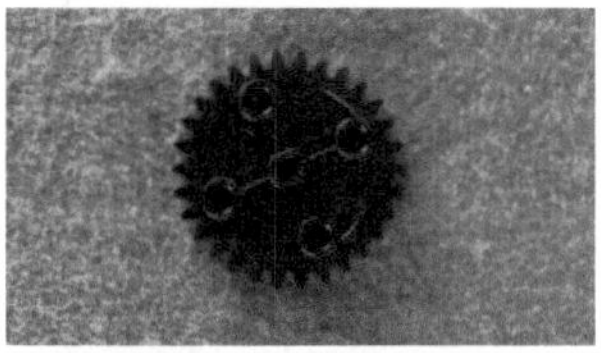	30齿齿轮	—
49		1∶10模型轮胎	—
50	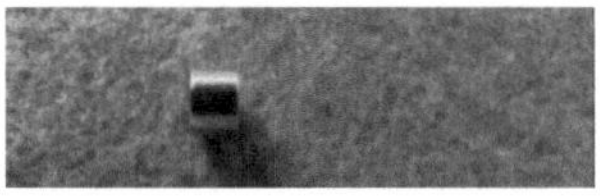	轴套2.7	不锈钢轴套
51	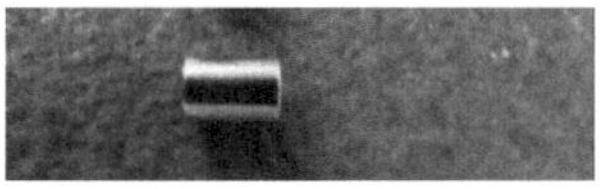	轴套5.4	
52	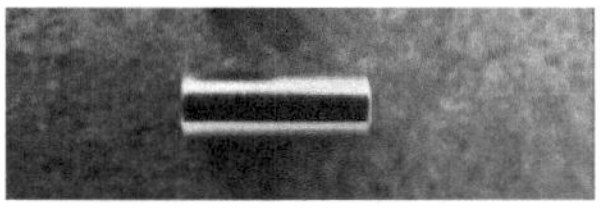	轴套10.4	
53	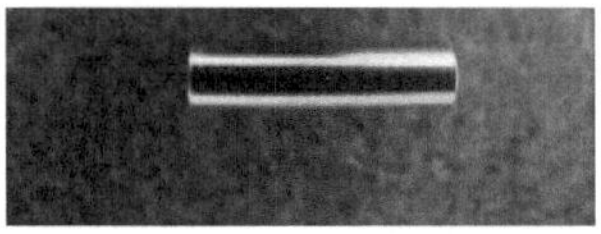	轴套15.4	

205

续表

序号	图例	名称	说明
54		螺柱10	国际标准尼龙螺柱
55		螺柱15	
56		螺柱20	
57		螺柱30	
58	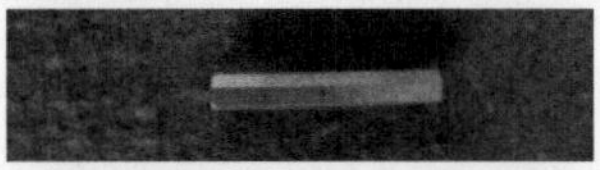	35mm 金属螺柱	
59	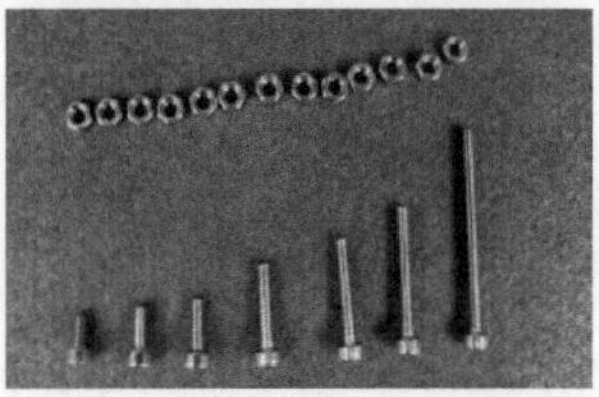	M3 不锈钢螺钉、螺母	国际标准件

(2)"探索者"电子模块清单

序号	图例	名称	说明
1		Basra 主控板	采用 AVR ATMega 328 芯片,Arduino Uno 开源架构
2		Arduino Mega2560 主控板	采用 AVR ATMega2560 芯片,相较于 Arduino Uno,有更多的 I/O 引脚和串口

附录1:"探索者"零部件体系组成

续表

序号	图例	名称	说明
3	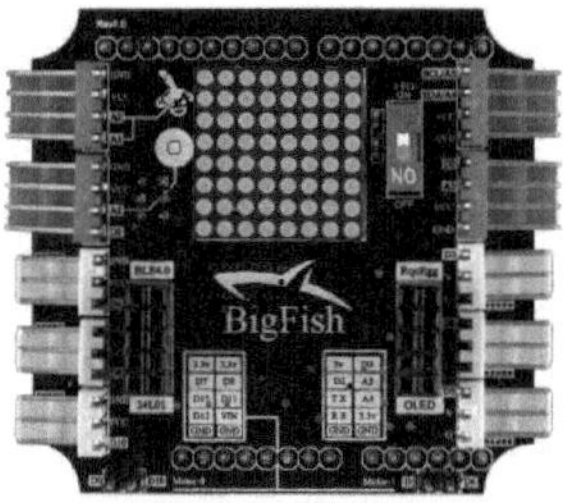	BigFish 扩展板	预设端口功能,可直接使用,与主控板堆叠安装
4		Birdmen 手柄扩展板	具有摇杆电位器,可以配合主控板、通信模块等,组装遥控或线控手柄
5		树莓派嵌入式开发板	CPU 采用 1.5GHz 四核 Cortex-A72(ARMv8)64 位芯片,RAM 为 2GB,可以运行操作系统,本书中主要运行 Ubuntu 系统
6		激光雷达	利用激光测量物体与传感器间的距离,主要分为 2 个部分,头部为激光接发头,底部为一个电机,通过电机带动激光接发头实现 360°扫描即可实现对周围环境的整体测距和建模
7		触碰传感器	TTL 电平信号

续表

序号	图例	名称	说明
8		近红外传感器	一种红外传感器,可检测能反射红外线的物体,TTL 电平信号
9		灰度传感器	一种红外光电传感器,可检测颜色的灰阶值,TTL 电平信号
10		白标传感器	一种红外传感器,可直接检测黑色背景下的白色,TTL 电平信号
11		声控传感器	可检测声音信号

附录1："探索者"零部件体系组成

续表

序号	图例	名称	说明
12		光强传感器	一种光敏传感器,可检测到光照强弱,TTL电平信号
13		闪动传感器	一种光敏传感器,可检测光线的闪烁变化,TTL电平信号
14	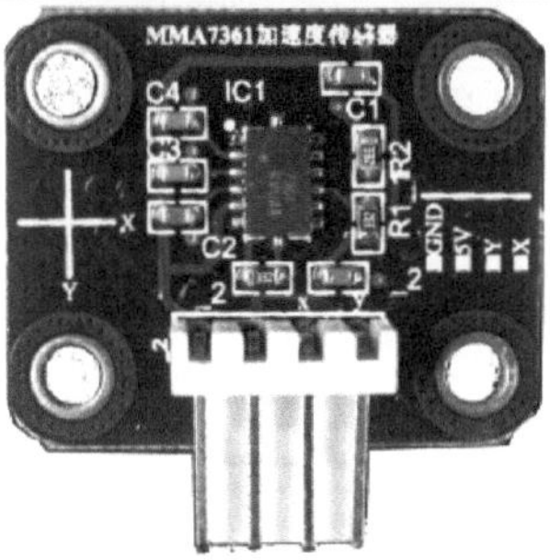	加速度传感器	2轴,可检测线加速度与角加速度的变化
15	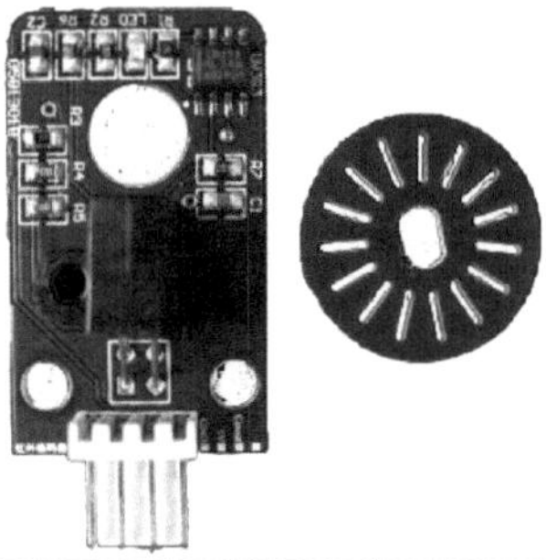	红外编码器	一种红外栅格码盘,可计数
16		超声测距传感器	发射与接收超声波,可检测能反射超声波的物体,并测量距离

续表

序号	图例	名称	说明
17		温湿度传感器	可检测温度和湿度
18		NRF无线串口模块	2.4GHz无线收发模块
19		蓝牙串口模块	BLE2.0协议

附录2:"训练师"零部件体系组成

"训练师"套件产品由机器时代(北京)科技有限公司开发,以下清单及参数说明由作者根据产品使用说明书整理。

(1)"训练师"机器人模块清单

序号	图例	名称	说明
1		一体化关节模块	集成了电机、减速器、伺服和驱动的一体化关节,可实现位置、速度和电流伺服,统一采用CAN总线通信,最大输出力矩 8N·m,是"训练师"平台最基础也是最核心的驱动单元
2		直线模块	基于滚珠丝杠设计,最大型材 300mm
3		麦轮模块	轮直径为 100mm,包含麦克纳姆轮轮毂和支架,可与一体化关节模块组成驱动麦轮模块,注意,使用时麦轮需成对
4		福来轮模块	轮直径为 100mm,包含福来轮轮毂和支架,可与一体化关节模块组成驱动福来轮模块

续表

序号	图例	名称	说明
5		橡胶轮模块	轮直径为 100mm,包含橡胶轮轮毂和支架,可与一体化关节模块组成驱动橡胶轮模块
6		随动轮模块	用于底盘的支撑轮,不具备驱动功能,但具备良好的随动特性,一般与驱动橡胶轮模块组合使用
7		车架模块	车架由型材滑轨类零件组成,尺寸可根据设计需求进行改装
8		悬挂模块	安装于车架与各种轮模块之间,起到减振的作用
9		外观模块	可作为"训练师"平台所有标准底盘的外观部件

附录2:"训练师"零部件体系组成

续表

序号	图例	名称	说明
10		夹持器模块	双指夹持器,采用蜗轮蜗杆连杆传动结构
11		臂杆模块	作为移动机器人操作臂的臂杆,可根据运动范围进行调整
12		T形支架	可作为一体化关节模块的支架和扩展外部连接件

(2)"训练师"电子模块清单

序号	图例	名称	说明
1		控制器模块	该控制器内置 Ubuntu 系统,预装 ROS 系统,安装了 Vstudio、Jupter 等 IDE 环境,可以直接使用 Python 或者 C 语言编写程序进行项目开发
2		电源模块	基于锂电池设计,12V 电压输出,具备电池管理功能,可获取电池电量、电池温度等信息。预留 CAN 总线

续表

序号	图例	名称	说明
3		急停开关模块	该模块预留 CAN 总线接口,与电源模块连接,可以在发生特殊情况时按下开关断掉机器人电源
4		激光雷达模块	采用通用 USB 接口,支持 ROS,可根据设计需求选型
5		深度相机模块	具备 RGB 图像和深度信息,可以测量出画面每个物体到相机的距离